TOUT EN FICHES

Patrick Prouvost
Agrégé en génie mécanique
Professeur en BTS
au lycée Georges Brière
de Reims

L'ESSENTIEL DE

INTRUMENTATION ET RÉGULATION

BTS

DUNOD

Direction artistique : Élisabeth Hébert
Illustration de couverture : AdobeStock_45774440

11, rue Paul Bert 92240 Malakoff
www.dunod.com
ISBN 978-2-10-082233-1

Table des matières

Contrôle des procédés industriels

Fiche 1

1. Procédé et processus industriels

Entreprise industrielle

Une ***entreprise industrielle*** est une unité économique de production ayant pour objet la transformation de matières premières ou l'exploitation de sources d'énergie.

Les produits réalisés doivent être conformes à un cahier des charges stipulant les qualités exigées par le client ou établies par la réglementation.

Elle est organisée en trois activités étroitement liées : production, maintenance et gestion technique et financière.

Cet ouvrage se limite ici au pôle production par les notions de procédé industriel et de processus industriel, essentielles pour aborder le contrôle industriel.

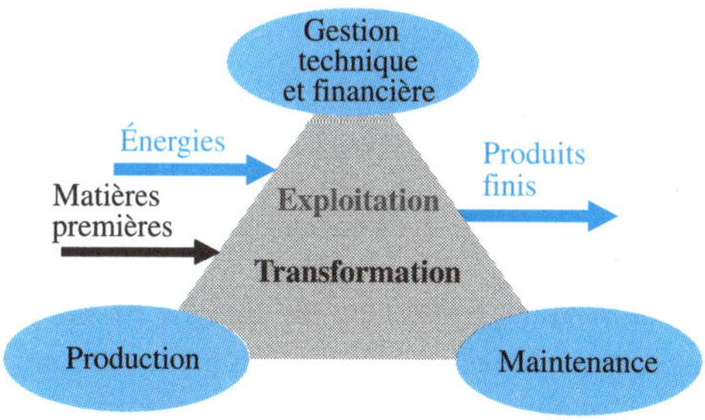

Figure 1.1 Entreprise industrielle

> **EXEMPLE D'UN MANUFACTURIER DE PNEUMATIQUES POUR UN CLIENT, CONSTRUCTEUR AUTOMOBILE**
> Conformité à la demande du client au sujet de la forme des sculptures, du coefficient de frottement, des indices de charge et de vitesse, et à la conformité de réglementation dimensionnelle, comme la profondeur minimale des sculptures (article R314-1 du Code de la route).

Procédé industriel

> **EXEMPLE**
> Pour réaliser un plat culinaire, et le réussir, on suit une recette qui indique les ingrédients et leurs quantités, mais également les ustensiles nécessaires, les précautions à prendre, l'ordre et les temps à respecter lors du mélange, de la cuisson ou du refroidissement.

L'analogie avec ce cas pratique et une production industrielle est immédiate : un ***procédé industriel*** est la méthode à suivre pour élaborer un produit conforme au cahier des charges, comprenant un texte explicite accompagné de schémas détaillés. Comme dans une recette de cuisine, on y indique les matières premières, les moyens matériels nécessaires, les différentes étapes, et les conditions telles que température ou humidité à respecter dans le but d'obtenir le produit final. C'est le livre du procédé, ou « *process data book* », qui contient cette méthode, essentielle à l'entreprise industrielle, tenue très secrète comme le sont les recettes des grands parfumeurs.

Le terme anglais « ***process*** » désigne aussi bien le procédé que le processus, et c'est aussi pourquoi le terme générique ***procédé*** est souvent employé en pratique.

Processus industriel

Le ***processus industriel*** comprend l'installation de production avec tout le matériel nécessaire à la transformation des matières premières, et l'ensemble descriptif de toutes les opérations détaillées pour aboutir au produit fini selon un procédé fixé.

EXEMPLE D'UN FOUR DE TRAITEMENT THERMIQUE DE PIÈCES MÉTALLIQUES
L'installation de production comprend le four, les parties concernant le chauffage et le refroidissement, ainsi que les matériels permettant la prise et le dépôt des pièces à traiter.
L'ensemble descriptif précise : l'ouverture de la porte, la mise en place des pièces dans le four, la fermeture de la porte, la vitesse de montée en température, la température du palier et la durée de son maintien, la vitesse du refroidissement forcé, la température finale et la durée de son maintien, l'arrêt du refroidissement, l'ouverture de la porte, puis le retrait des pièces.

La partie matérielle du processus est représentée par un schéma normalisé (PCF ou PFS, TI ou PID : *cf.* fiche 2), véritable outil universel de communication entre les différents services de conception, d'installation, de fabrication, d'instrumentation et d'automatique.

Procédé continu et discontinu

Le procédé est continu lorsque le fonctionnement normal de l'installation n'est jamais interrompu pour fabriquer un produit.

> **EXEMPLE DE PROCÉDÉ CONTINU**
> Un four de verrerie, fabriquant des bouteilles de champagne, contenant 300 tonnes de verre fondu à 1 500 °C fonctionne 24 heures sur 24, et tous les jours de l'année. Son démarrage est en effet à la fois complexe et long et il n'est donc prévu de l'arrêter tous les 4 à 5 ans que pour le changement complet des briques réfractaires usées par le verre très abrasif.

Le procédé est ***discontinu*** ou « *batch* » quand le produit fini est obtenu par une fabrication de type continu mais en une quantité prédéterminée (lot ou *batch*) pour un cycle. C'est-à-dire que la même unité de fabrication est fréquemment (jusqu'à plusieurs fois par jour) amenée à changer de type de produit. Les procédés *batch* sont très répandus dans les industries des cosmétiques et pharmaceutiques.

2. Contrôle industriel

Pour garantir les qualités et les quantités du produit fabriqué, il est nécessaire de déployer des moyens d'observation, de réflexion et d'action sur le procédé ; c'est le rôle du ***contrôle industriel*** englobant les domaines de l'instrumentation et de la régulation.

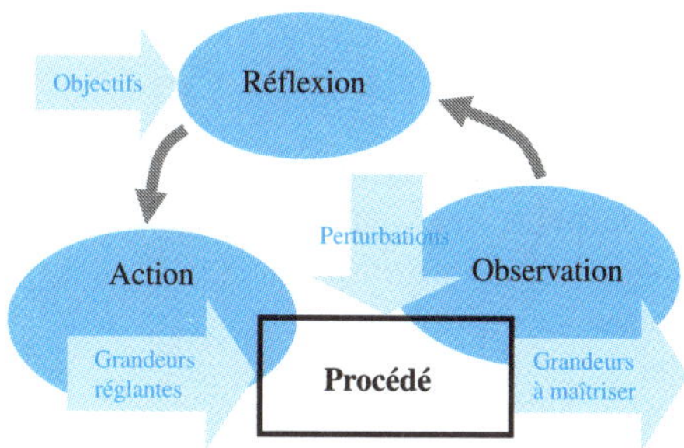

Figure 1.2 Contrôle industriel

Instrumentation

L'instrumentation est un domaine comprenant les méthodes d'implantation, de réglages et d'exploitation de tous les appareils de mesure, de calcul et d'action nécessaires à la maîtrise du processus industriel, y compris les aspects de protection et de sécurité.

L'instrumentation liée à ***l'observation*** est assurée par les capteurs, transmetteurs et indicateurs qui fournissent les mesures continues et les détecteurs délivrant une information binaire.

L'instrumentation permettant ***l'action*** concerne les organes de réglage tels que les vannes régulatrices, les ventilateurs, les pompes, les résistances de puissance électrique, et les pré-actionneurs comme les convertisseurs de signaux, les positionneurs, et les variateurs de vitesse.

Toutes les cartes d'entrées et de sorties des régulateurs et des automates programmables industriels (API) font partie de l'instrumentation.

Régulation

La ***régulation*** constitue l'étape, délicate, de la ***réflexion*** du contrôle industriel puisqu'elle doit garantir un fonctionnement du processus conforme à l'objectif fixé. Or, lorsqu'un écart par rapport à cet objectif survient, la régulation doit annuler ou amoindrir cet écart en suivant les lois d'évolution du procédé définies par le concepteur.

> La régulation sans instrumentation n'est pas envisageable, mais l'instrumentation sans régulation est possible.

3. Hiérarchie des systèmes de contrôle

Un système de contrôle performant doit garantir la qualité du produit ou du service, mais également des économies d'énergies et de matières premières ou semi-finies, sans négliger la sécurité du personnel et des installations.

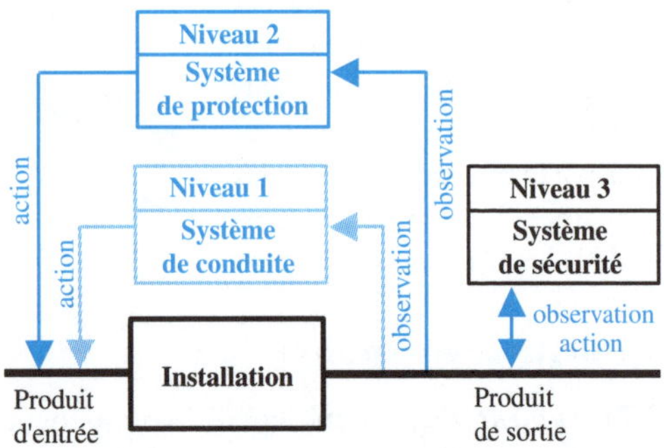

Figure 1.3 Hiérarchie des systèmes de contrôle

La gestion du risque de tout processus industriel induit une organisation des ***systèmes de contrôle hiérarchisés*** en trois niveaux d'intervention (figure 1.3).

Niveau 1 : ce niveau de système assure la ***conduite*** du processus, continu ou discontinu, en fonctionnement normal et comprend l'instrumentation et la régulation ou l'automatisme.

Niveau 2 : ce niveau assure la ***protection*** du processus selon une fonction discontinue à partir d'informations prédéfinies de dépassement de seuils critiques pour le processus. L'information de dépassement peut être donnée par un détecteur (information binaire) ou par un capteur (information continue), mais l'instrumentation est indépendante de celle du niveau 1. Les actionneurs sont généralement de type tout ou rien (électrovanne ou vérin).

Le niveau 1 redevient fonctionnel lorsque le niveau 2 le permet, après une autorisation automatique ou validée par l'opérateur.

Niveau 3 : c'est le niveau de sécurité le plus haut en cas de défaillance d'un ou plusieurs éléments du processus. Les dispositifs, indépendants des niveaux 1 et 2, doivent pouvoir se déclencher sans énergie auxiliaire comme les soupapes de sécurité, les disques de rupture, ou les fusibles thermiques.

Une soupape de sûreté de pression est tarée pour se déclencher à une valeur définie, et se remet en position initiale lorsque la pression revient en dessous de cette pression de tarage. Le niveau 1 est donc de nouveau opérationnel si le niveau 2 l'est aussi. En revanche, un disque de rupture cède sous la pression prévue et il faut installer un nouveau disque avant de revenir au niveau 1.

EXERCICE 1 Échangeur thermique

Description du processus : l'eau d'alimentation d'un ballon de chaudière industrielle doit être préchauffée à une température de 85 °C. Dans ce but, de l'eau froide est chauffée dans l'échangeur thermique où circule de la vapeur provenant, par économie, du dégagement exothermique d'un réacteur (figure 1.4).

La consigne du régulateur de température (TC) est réglée à 85 °C ± 2 °C.

Le seuil haut (TSH) est configuré dans l'automate à 96 °C.

Le seuil bas (TSL) est configuré dans l'automate à 60 °C.

Le tarage de la soupape de sûreté thermique est de 110 °C ± 5 °C.

La pompe a un régime normal de fonctionnement, et un autre régime, moitié du débit normal, piloté à distance par l'automate. L'électrovanne est normalement ouverte, mais fermée sur ordre de l'automate.

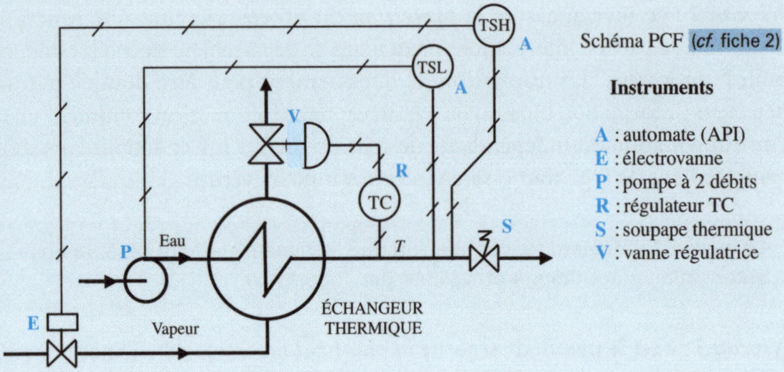

Figure 1.4 Échangeur thermique

1. Ce procédé est-il de type batch ou continu ?
2. Préciser les instruments intervenant pour chaque niveau hiérarchique d'intervention de ce processus.
3. Indiquer le niveau actif (1, 2 ou 3) en fonction de la température T.

T (°C)	78	107	98	91	55
Niveau 1, 2 ou 3					

Solution

1. C'est un processus continu puisqu'il n'y a pas de système de démarrage et d'arrêt, permettant un fonctionnement cyclique. En outre, l'alimentation en eau d'un ballon de chaudière ne peut correspondre à un processus batch car une chaudière industrielle est une unité dont le démarrage est long et complexe.

2.

Niveau 1	R commande V en continu
Niveau 2	A (TSL) baisse le débit de P, ou A (TSH) ferme E
Niveau 3	S s'ouvre

3.

T (°C)	78	107	98	91	55
Niveau 1, 2 ou 3	1	3	2	1	2

Représentations d'un procédé

Fiche 2

1. Représentations normalisées

Il existe plusieurs ***représentations normalisées*** fournissant un outil universel de communication entre les diverses instances concernées par la conception, la fabrication et la mise en œuvre d'équipements de régulation, de mesure et d'automatisme des procédés industriels. Ces différentes représentations sont :

- le schéma fonctionnel spécifique à l'analyse du procédé ;
- les plans de circulation de fluides et d'instrumentation qui décrivent le processus ;
- le schéma d'interconnexion décrivant les raccordements entre tous les instruments du processus.

Une représentation libre et personnelle d'une installation industrielle peut engendrer incompréhensions ou confusions.

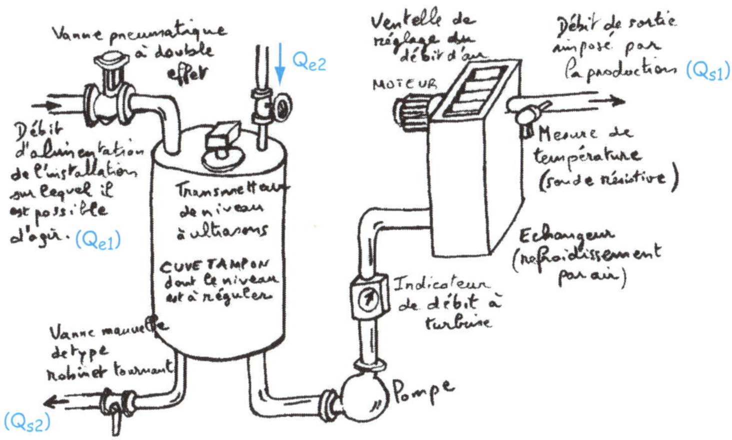

Figure 2.1 Représentation libre d'un procédé industriel : cuve de stockage

2. Schéma fonctionnel

Pour contrôler un procédé, un travail d'analyse est indispensable pour recenser les grandeurs physiques à maîtriser, et celles ayant une influence sur le procédé. Un ***schéma fonctionnel*** est une représentation de la synthèse de cette analyse décrivant les fonctions entre ces grandeurs physiques, sans aucune notion de matériel.

Terminologie employée

- **Grandeur réglée :** grandeur à maîtriser.
- **Grandeur incidente :** grandeur ayant une influence sur la grandeur réglée.
- **Grandeur réglante :** grandeur incidente choisie pour agir sur le procédé afin de modifier la grandeur réglée par des critères techniques ou économiques.
- **Grandeur perturbatrice :** toute grandeur incidente autre qu'une grandeur réglante.

Schéma fonctionnel simplifié

Dans un schéma fonctionnel simplifié, toutes les grandeurs sont représentées par des flèches, à gauche pour les grandeurs incidentes et à droite pour les grandeurs à maîtriser. La fonction reliant ces grandeurs est inscrite dans un rectangle.

EXEMPLE

Schéma fonctionnel simplifié de la cuve de stockage vue en figure 2.1.

Figure 2.2 Schéma fonctionnel simplifié n° 1

Pour distinguer la grandeur réglante des grandeurs perturbatrices, le schéma fonctionnel peut prendre la forme montrée en figure 2.2.

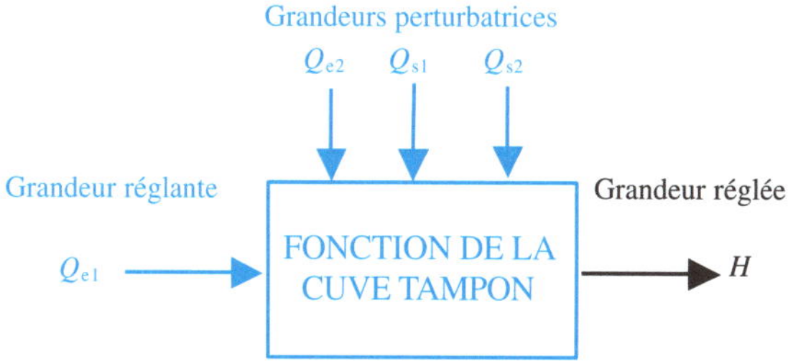

Figure 2.3 Schéma fonctionnel simplifié n° 2

LIMITE DU SCHÉMA FONCTIONNEL SIMPLIFIÉ

Le schéma fonctionnel simplifié ne met pas en évidence l'influence de chaque grandeur incidente sur la grandeur réglée. Par exemple, on ne montre pas qu'une augmentation du débit Q_{e1} se traduira par une augmentation du niveau H, ni qu'une augmentation du débit Q_{s1} se traduira par une diminution du niveau H.

Schéma fonctionnel détaillé

Le procédé étudié est décomposé en plusieurs procédés élémentaires qui représentent l'influence de chacune des grandeurs incidentes sur la grandeur réglée.

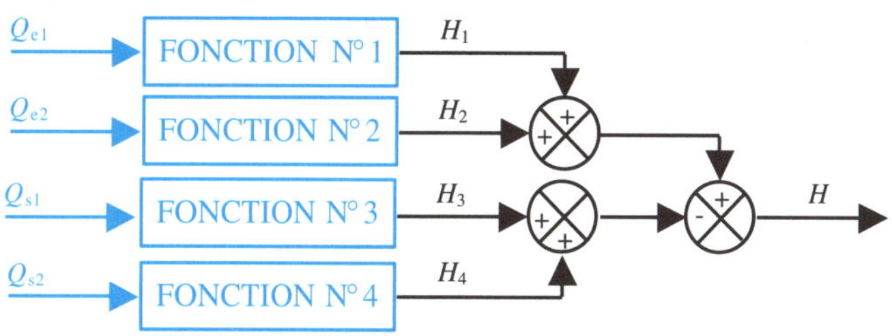

Figure 2.4 Schéma fonctionnel détaillé de la cuve de stockage

Dans la figure 2.4, la fonction n° 1 a comme grandeur d'entrée Q_{e1} et comme grandeur de sortie H_1, indiquant l'influence du débit Q_{e1} sur le niveau H.

Le niveau H est « le résultat » de la somme algébrique des niveaux H_1, H_2, H_3, H_4. Le sens d'action de chaque grandeur incidente sur la grandeur à maîtriser est indiqué, et la lecture de ce schéma donne : $H = (H_1 + H_2) - (H_3 + H_4)$.

Lors de l'étude approfondie d'une régulation, les fonctions sont exprimées mathématiquement avec la variable p de la transformée de Laplace : le rapport de la fonction de sortie $S(p)$ sur la fonction $E(p)$. Ce rapport se note fonction de transfert.

3. Norme de représentation symbolique

Norme Afnor E 04-203

La norme française expérimentale, Afnor E 04-203 publiée en août 1987, est titrée :

« Fonctions de régulation, de mesure et d'automatisme des processus industriels ***Représentation symbolique*** »

Elle a des correspondances internationales (ISO 3511/1-1977), allemande (DIN 19 227 blatt 1-1973), ou encore américaine (ISA-S5.1-1984) traitant du même sujet.

Elle est articulée en quatre parties :

- E 04-203-1 : Principes de base ;
- E 04-203-2 : Capteurs, signaux, dispositifs réglants ;
- E 04-203-3 : Transducteurs et dispositifs de traitement des signaux ;
- E 04-203-4 : Symboles détaillés complémentaires pour les schémas d'interconnexion d'instruments.

Extrait des parties 2 et 3

OBJET ET DOMAINE D'APPLICATION

La présente norme expérimentale présente la symbolisation des dispositifs de traitement des signaux émis par un capteur ou reçus par un organe de réglage.

Elle comporte des symboles destinés à la communication des fonctions de mesure, de régulation et d'automatisme entre spécialistes des instruments et autres techniciens impliqués dans la conception des réservoirs, des conduites, des machines tournantes... de leur disposition et de leur mise en œuvre.

Les symboles sont utilisés pour la représentation de l'instrumentation sur les schémas suivants :
- plan de Circulation des Fluides (PCF) ou *Process Flow Sheet* (PFS) ;
- plan de Tuyauterie et d'Instrumentation (TI) ou *Piping and Instrument Diagram* (PID)

La présentation de cette norme a été pensée, d'une part pour répondre à la pratique internationale (symboles ISA présentés en Forme 1, éventuellement complétée) et, d'autre part, pour pouvoir faire le lien avec la normalisation internationale ou nationale existante ou différente le cas échéant (symboles représentés en Forme 2).
Il est conseillé d'utiliser les symboles d'une même forme sur un même schéma.
L'exécution des schémas s'effectue conformément aux normes NF E 04-520, NF E 04-521…

4. Plan de circulation des fluides

Le ***Plan de Circulation des Fluides*** (PCF, ou bien PFS : *Process Flow Sheet*) est un schéma de représentation symbolique avec :
- les cuves, les réacteurs chimiques, les échangeurs thermiques, les colonnes à distiller ;
- les conduites, représentées par un trait continu épais ;
- la nature, gaz ou liquide, et le sens d'écoulement des fluides ;
- les organes de puissance tels que pompes, agitateurs, résistances de chauffage ;
- l'indication des grandeurs physiques utiles : débit, pression, température…

Le plan PCF peut aussi faire apparaître les boucles de régulation sans préciser le détail des instruments ou des stratégies de régulation complexes (figure 2.6).

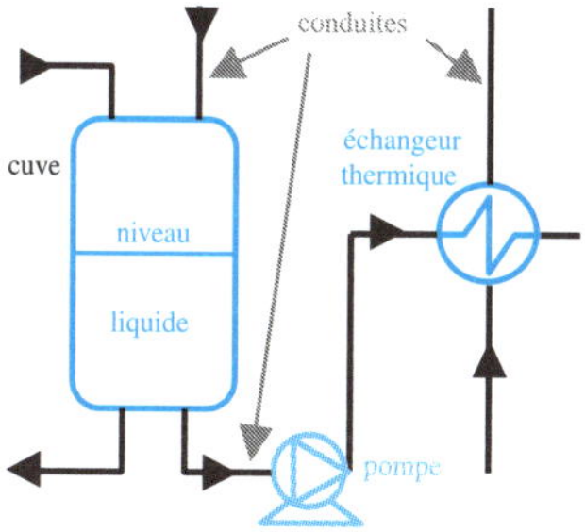

Figure 2.5 PCF de la figure 2.1

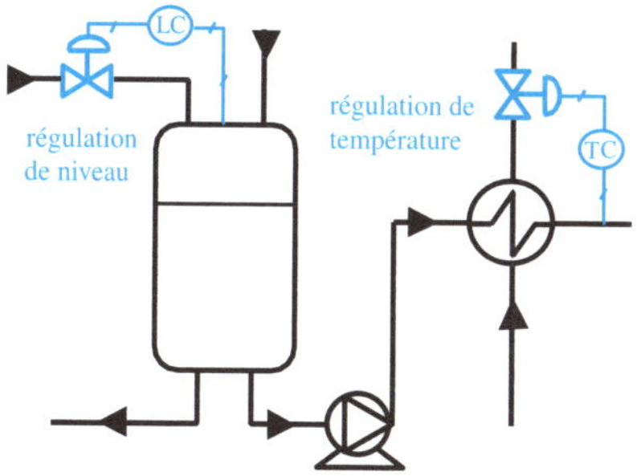

Figure 2.6 Plan PCF, régulations incluses

5. Plan de tuyauterie et d'instrumentation

Présentation

Le **plan de Tuyauterie et d'Instrumentation** (TI, ou bien PID : *Piping and Instrument Diagram*) complète le plan de circulation des fluides en lui ajoutant :

– les appareils de mesure ; capteurs, transmetteurs, indicateurs ;

– les appareils de contrôle ; régulateurs et opérateurs de calcul ;

– les actionneurs comme les vannes de réglage ;

– les liaisons d'information entre ces appareils.

EXEMPLE

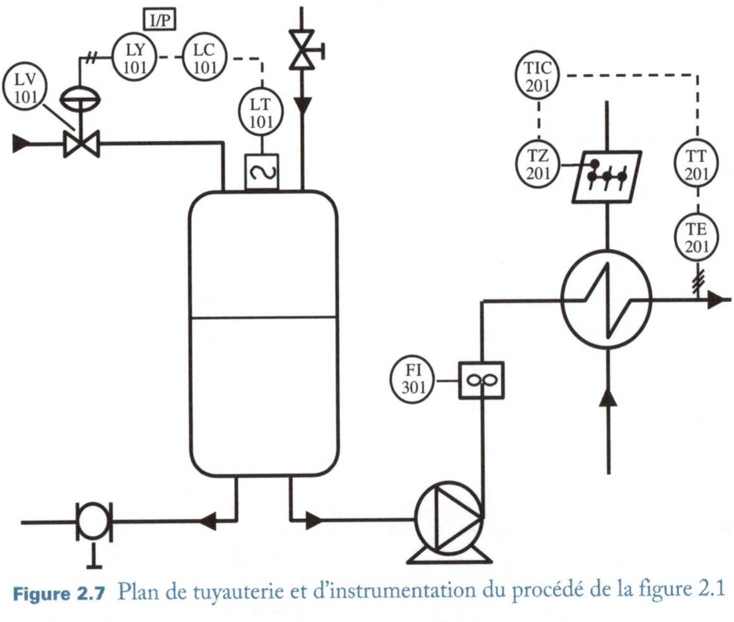

Figure 2.7 Plan de tuyauterie et d'instrumentation du procédé de la figure 2.1

Les instruments 101 forment une boucle de régulation de niveau, et ceux notés 201 une boucle de régulation de température (*cf.* fiche 19). L'instrument 301 est un indicateur de débit.

Principes de base

Point de mesure : le symbole est un trait fin relié à une ligne (canalisation) ou au contour d'une unité du procédé.

Instrument : le symbole comprend un cercle dessiné en trait fin d'une dizaine de millimètres de diamètre et d'un codet indiquant la propriété mesurée et la fonction (voir tableau extrait de la norme).

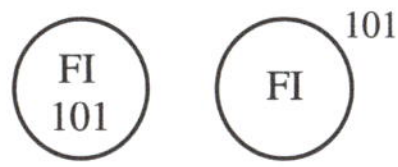

Signaux : (a) le symbole général est une liaison avec traits fins inclinés à environ 60°. La liaison matérialise le transfert d'information mais pas le support matériel. Des symboles particuliers à la nature de la liaison sont décrits dans la partie 2 de la norme, par exemple : signal pneumatique analogique (b) ; signal pneumatique binaire (c) ; signal électrique analogique (b) ; bus numérique (e)

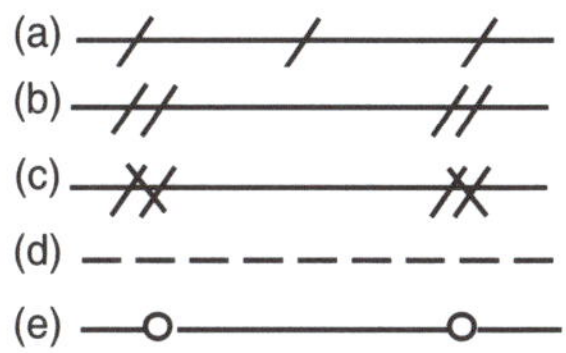

Codets

EXTRAIT DE LA NORME E 04-203-1 CONCERNANT LES CODETS

1.5.1. Codets d'instrumentation – La fonction de l'instrumentation doit être identifiée par les codets du tableau suivant (tableau 2.1) inscrits à l'intérieur du cercle symbolisant l'instrument : ces cercles doivent être inscrits selon les règles suivantes :

15.1.1. Le premier codet désignant la variable mesurée ou initiale est choisi conformément aux signifiants de la colonne 2. S'il est nécessaire de le compléter, lui adjoindre un codet correspondant aux signifiants de la colonne 3.

1.5.1.2. Les codets supplémentaires seront choisis parmi les signifiants de la colonne 4.

1.5.1.3. Lorsque plusieurs codets sont ajoutés, ils doivent être placés l'un à la suite de l'autre dans l'ordre I, R, C, T, Q, S, Z, A (cela ne s'applique pas aux codets correspondant à la colonne 3).

1.5.2. Codets qualitatifs – Lorsqu'il est nécessaire d'indiquer Haut(e) ou Bas (se), Très Haut(e) ou Très Bas (se), les codets qualificatifs H ou L, HH ou LL… peuvent être associés au symbole de l'instrument.

EXEMPLES : codets établis à partir du tableau 2.1, d'une sonde de température et d'un enregistreur d'une proportion de débit.

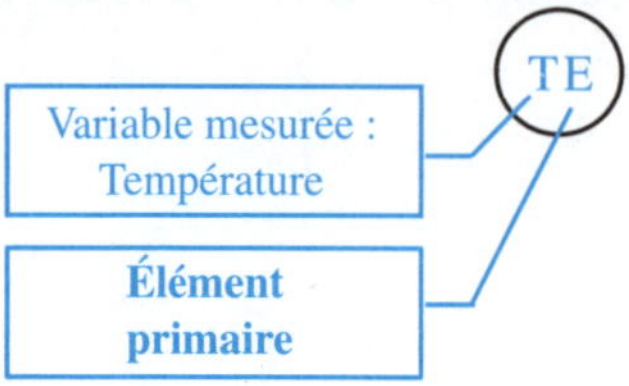

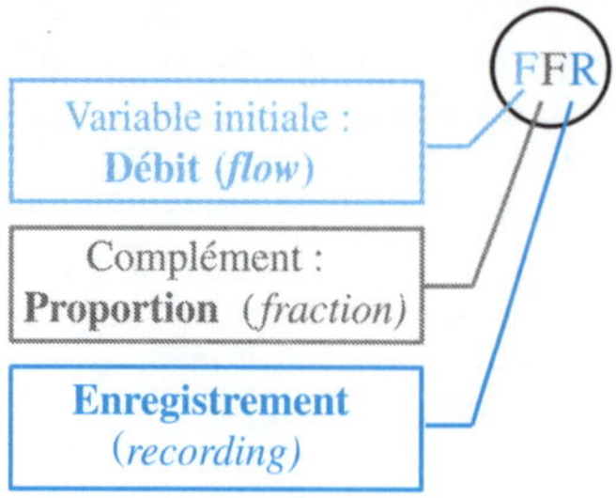

Tableau 2.1. Codets servant à identifier les fonctions des instruments. Extrait du tableau de la norme

Codet	Signifiant		Signifiant suivant	
	Variable mesurée ou variable initiale	Complément	Affichage	Action
1	2	3	4	
A	Analyse		Alarme	
B	Combustion		État	
C	Conductivité			Régulation
D	Masse volumique	Différence		
E	Tension		Élément primaire	
F	Débit	Proportion		
H	Commande manuelle			
I	Courant		Indication	
L	Niveau		Signalisation	
			Lumineuse	
P	Pression		Point d'essai	
S	Vitesse	Sécurité		Commutation
T	Température			Transmission
Z	Position, longueur	Coordonnée		Actionneur

EXEMPLES DE CODETS :

Transmetteur indicateur d'humidité (*moisture*) : MIT

Commande manuelle de régulation avec indicateur : HIC

Alarme très haute sur un niveau : LAHH ou LA (HH)

EXERCICE 1 Dix codets

1. Que signifient les codets suivants : TE, TAL, FIZ, PDT, AIC ?

2. Donner les codets des instruments suivants : un indicateur de différence de température, un thermostat, un variateur de vitesse de pompe, une sécurité de débit très bas, un transmetteur de niveau.

Solution

1. TE : élément primaire de température ou sonde de température ; TAL : alarme basse de température ; FIZ : actionneur de débit avec indicateur ; PDT transmetteur de pression différentielle ; AIC : régulateur d'analyse avec indicateur.

2. Indicateur de différence de température : TDI ; thermostat : TS ; variateur de vitesse de pompe : SZ ; sécurité de débit très bas : FSLL ; transmetteur de niveau : LT.

Fiche 3 Grandeurs physiques et unités

Les hommes ont montré, notamment à travers leurs échanges commerciaux, leur volonté d'harmoniser leurs références dimensionnelles pour que leurs transactions n'aient aucune ambiguïté.

1. Vocabulaire international

La norme NF X 02-001 est à la base des définitions suivantes. La normalisation française tient compte dans l'élaboration de ses normes d'une indispensable approche européenne, voire mondiale.

Grandeur physique

On appelle ***grandeur physique*** tout attribut d'un phénomène, d'un corps ou d'une substance susceptible d'être distingué qualitativement et déterminé quantitativement.

Les grandeurs qui peuvent se comparer mutuellement forment des ensembles. Les niveaux, les hauteurs, les diamètres, les épaisseurs, les longueurs d'onde par exemple font partie d'un même ensemble.

Le symbole d'une telle grandeur est écrit en italique : une hauteur h.

Unité de mesure

Dans un ensemble de grandeurs, on appelle ***unité de mesure*** une grandeur particulière choisie comme grandeur de référence.

Le symbole d'une unité est écrit en caractère droit, pour le mètre : m.

Valeur numérique d'une grandeur physique

La valeur d'une grandeur appartenant à un ensemble donné de grandeurs peut être exprimée par le produit de l'unité par un nombre. Ce nombre est appelé la ***valeur numérique*** de la grandeur exprimée avec cette unité.

La valeur numérique est la mesure de la grandeur considérée et elle n'a de sens que si l'on indique l'unité choisie. À savoir que le produit de la valeur numérique par l'unité est toujours indépendant de l'unité.

EXEMPLE

La pression atmosphérique normale est : $p_0 = 101\,325$ Pa. p_0 est le symbole de la grandeur physique : pression.

101 325 est la valeur numérique de la pression exprimée en pascal, et Pa est le symbole de l'unité de longueur : le pascal.

En changeant d'unité, le météorologue en annonçant une pression atmosphérique en hectopascal modifie la valeur numérique de cette grandeur physique : $p_0 = 1\,013{,}25$ hPa.

Remarques : le symbole du pascal n'a pas de majuscule car c'est un nom commun provenant de la transformation du nom de Blaise Pascal. Attention à l'exception à la règle grammaticale du pluriel des noms en « al » ; on ne dit pas « des pascaux » !

Grandeurs de base ou fondamentales

Les grandeurs physiques sont liées entre elles par des équations exprimant des lois physiques. Il est donc possible de décrire le monde physique par un système de grandeurs et d'équations entre ces grandeurs.

Certaines grandeurs sont considérées comme indépendantes les unes des autres : ce sont les ***grandeurs de base*** ou ***fondamentales*** à partir desquelles on peut définir d'autres grandeurs au moyen d'équations.

Les grandeurs de base de la norme ISO 31 (série de normes NF X 02-200) sont au nombre de 7 : longueur, masse, temps, courant électrique, température, quantité de matière et intensité lumineuse.

Grandeur dérivée

Une ***grandeur dérivée*** est une grandeur définie, dans un système de grandeurs, par une équation en fonction de grandeurs de base.

EXEMPLE

Le débit-volume q_v est une grandeur dérivée définie comme le quotient du volume v par un temps t. Le volume v est aussi une grandeur dérivée puisqu'il s'exprime en m^3. L'unité du débit-volume q_v est donc $m^3 \cdot s^{-1}$.

2. Système international d'unités

Le choix d'un système d'unités est *a priori* arbitraire ; cependant, pour un système donné de grandeurs et d'équations, il est préférable de choisir un système d'unités dans lequel les équations entre valeurs numériques ont exactement la même forme que les équations entre grandeurs.

Un système d'unités défini de cette manière est dit cohérent par rapport au système de grandeurs et d'équations considéré. Le ***Système International d'unités***, appelé SI, est un système cohérent d'unités, adopté par la 11e Conférence générale des poids et mesures (CGPM) en 1960.

Le SI comprend des unités de base et des unités dérivées, y compris les unités supplémentaires.

Tableau 3.1

Grandeur physique	Unité de base	Symbole de l'unité	Dimension de base
Longueur	mètre	m	L
Masse	kilogramme	kg	M
Temps	seconde	s	T
Courant électrique	ampère	A	I
Température thermodynamique	kelvin	K	Θ
Quantité de matière	mole	mol	N
Intensité lumineuse	candela	cd	J

La loi du 4 juillet 1837 rend obligatoire le « système métrique » en France, et le décret n° 61-501 du 3 mai 1961 modifié (pris en application de directives européennes) définit comme unités légales les unités du Système International, et définit chacune de ces unités.

Unités dérivées

Les ***unités dérivées*** du SI sont généralement exprimées en fonction des unités de base. Certaines unités dérivées possèdent un nom et un symbole spécial. Celles-ci peuvent à leur tour être utilisées pour exprimer d'autres unités dérivées.

EXEMPLE

La pression est le quotient de la force par l'aire. Le pascal (Pa), unité de pression, correspond à un newton (N) par mètre carré (m^2). On écrit : $1\ Pa = 1\ N \cdot m^{-2}$. Le newton est aussi une unité dérivée.

LIEN ENTRE UNITÉS SI ET CELLES EMPLOYÉES DANS D'AUTRES PAYS (UK, USA)

Les unités d'origine étrangère, notamment anglo-saxonne, sont interdites en France, mais il est souvent utile de les connaître car elles sont encore présentes dans de nombreux pays.

EXEMPLE

Le psi (*pound-force per square inch*) est une unité de pression encore très utilisée dans le monde anglo-saxon. À la station-service, par exemple, le manomètre du compresseur d'air comprimé indique la pression sur deux échelles ; le bar et le psi. Le psi correspond à une pression engendrée par une force, développée par une masse de 1 livre anglaise (453,6 g), appliquée sur une superficie de 1 pouce (25,4 mm) au carré soit 645,16 mm^2.

1 psi = 1 $lbf \cdot in^{-2}$ (livre-force par pouce carré) = 6 894,76 Pa

Dimension

Les grandeurs A et B sont dites homogènes s'il existe un réel a tel que $A = \alpha \cdot B$. Ces grandeurs ont alors même ***dimension.***

À chaque grandeur de base du système ISO 31, on associe une dimension de base (tableau 3.1). Pour trouver la dimension d'une grandeur dérivée, on exprime la relation de cette grandeur en fonction de grandeurs de base. La dimension de la grandeur dérivée est un produit des dimensions des grandeurs de base.

EXEMPLE

Pour obtenir la dimension d'une puissance P_h hydraulique, on exprime la relation de la puissance par le produit de grandeurs dérivées que sont ici la masse-volumique ρ, le débit-volume q_v et la pression p, qui elles-mêmes peuvent s'exprimer par des grandeurs de base :

$\dim(P_h) = \dim(\rho \cdot q_v \cdot p) = \dim(\rho) \cdot \dim(q_v) \cdot \dim(p)$

$\dim(P_h) = L^2 \cdot M. \cdot T^{-3}$, signifiant que 1 watt (W) est égal à 1 $m^2 \cdot kg \cdot s^{-3}$

EXERCICE 1 Mises au point

1. Compléter le tableau suivant, sachant qu'une livre anglaise vaut 453,59237 g, qu'un pouce (inch) vaut 25,4 mm et qu'un gallon (USA) vaut 3,78541 L.

Nom Symbole	Grandeur Dimension	Conversion en unités de base
gallon (USA) par minute gal (USA) · min^{-1}		1 gal (USA) · min^{-1} = $cm^3 \cdot s^{-1}$
inch of water inH_2O	pression	1 inH_2O = Pa
livre-force par pouce carré lbf · in^{-2} ou psi		1 lbf · in^{-2} = Pa

2. Vrai ou faux ? Pourquoi ?

Vrai	Faux	
		Une constante ne possède jamais d'unité.
		La densité est souvent exprimée en g · cm^{-3}, en kg · m^{-3} ou en g · L^{-1}.
		La puissance d'un moteur électrique est P = 750 W ou P = 750 $m^2 \cdot kg \cdot s^{-3}$.
		Le diamètre interne d'une vanne de régulation est une grandeur physique de base.
		L'eau chaude est une grandeur physique de base.
		Une pression peut s'exprimer en colonne d'eau ou même en colonne de mercure.

Solution

1. Compléter le tableau suivant :

Nom Symbole	Grandeur Dimension	Conversion en unités de base
gallon (USA) par minute gal (USA) · min^{-1}	débit-volume $L^3 \cdot T^{-1}$	1 gal (USA) · min^{-1} = 63,09 $cm^3 \cdot s^{-1}$
inch of water inH_2O	pression $L^{-1} \cdot M \cdot T^{-2}$	1 inH_2O = $2,49 \times 10^2$ Pa
livre-force par pouce carré lbf · in^{-2} ou psi	pression $L^{-1} \cdot M \cdot T^{-2}$	1 lbf · in^{-2} = 6 894,76 Pa

2. Vrai ou faux ? Pourquoi ?

- Une constante ne possède jamais d'unité.

Faux : certaines constantes sont sans unité comme le nombre π, et d'autres en sont munies comme la constante molaire des gaz R qui s'exprime en $J \cdot mol^{-1} \cdot k^{-1}$. Information : $R = 8{,}314510\ J \cdot mol^{-1} \cdot k^{-1}$.

- La densité est souvent exprimée en $g \cdot cm^{-3}$, en $kg \cdot m^{-3}$ ou en $g \cdot L^{-1}$.

Faux : les 3 unités proposées sont celles de masses volumiques. La densité est le quotient de deux masses volumiques, sa dimension est 1 et elle est donc sans unité.

- La puissance d'un moteur électrique est $P = 750$ W ou $P = 750\ m^2 \cdot kg \cdot s^{-3}$.

Vrai : dim $(P) = L^2 \cdot M \cdot T^{-3}$ ou watt (W).

- Le diamètre interne d'une vanne de régulation est une grandeur physique de base.

Vrai : oui, le diamètre fait partie de la famille des longueurs.

- L'eau chaude est une grandeur physique de base.

Faux : l'eau chaude (ou froide) est un élément qui se caractérise par des grandeurs comme sa température, sa viscosité ou encore son *pH*.

- Une pression peut s'exprimer en colonne d'eau ou même en colonne de mercure.

Faux : une colonne d'eau (ou de mercure) est un objet et n'est donc pas une unité. La pression peut s'exprimer d'une façon conventionnelle en hauteur de colonne d'eau (ou de mercure). C'est un abus de langage. L'emploi du Pascal est recommandé.

Fiche 4 Métrologie

La métrologie, sciences des mesures, est l'ensemble des techniques et des savoir-faire qui permettent d'effectuer des mesures et d'avoir une confiance suffisante dans leurs résultats. La mesure est nécessaire à toute connaissance, à toute prise de décision et à toute action.

1. Chaîne de mesurage

La grandeur physique objet de la mesure (température, pression…) est désignée comme le ***mesurande.*** L'ensemble des opérations expérimentales qui concourent à la connaissance de la valeur numérique du mesurande constitue son ***mesurage.***

La ***chaîne de mesurage*** est constituée de l'ensemble des dispositifs, y compris le capteur (*cf.* fiche 6), rendant possible dans les meilleures conditions la détermination précise de la valeur du mesurande.

C'est l'étalonnage de la chaîne de mesurage dans son ensemble qui permet d'attribuer à chaque indication en sortie la valeur correspondante du mesurande agissant à l'entrée.

EXEMPLE

Chaîne de mesurage simple : un thermocouple et un voltmètre.

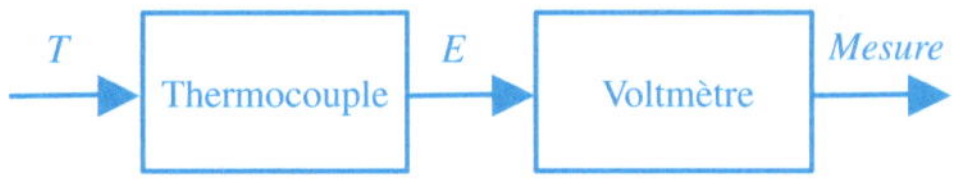

où le mesurande est la température T, et la mesure est l'indication de la tension E.

Chaîne de mesurage plus complète : un thermocouple, un circuit de compensation de soudure froide, un circuit amplificateur et linéarisateur du signal, un convertisseur tension-courant et un ampèremètre.

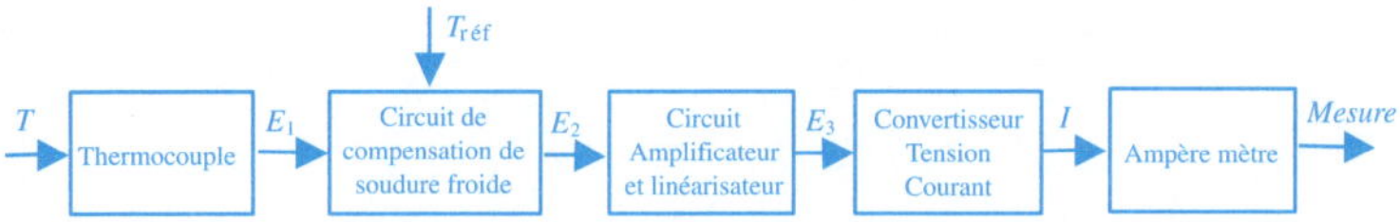

où le mesurande est la température T, les grandeurs intermédiaires sont les tensions E_1, E_2, et E_3 et la mesure est l'indication du courant I.

2. Erreurs d'une chaîne de mesure

Erreur de mesure

La valeur d'un mesurande ne peut être évaluée que par la chaîne de mesurage. L'***erreur de mesure*** est l'écart entre la valeur mesurée et la valeur de référence. Cette erreur de mesure est estimée à partir des erreurs engendrées par les imperfections inhérentes à la chaîne de mesurage.

L'erreur de mesure est la somme de l'erreur systématique et de l'erreur aléatoire.

Erreur systématique

Des mesurages répétés, pour une même valeur du mesurande, peuvent entraîner un décalage constant entre la valeur de référence et la valeur mesurée. Ce décalage constant ou à variation prévisible est l'***erreur systématique***.

Les erreurs systématiques ont généralement pour cause une connaissance erronée ou incomplète de l'installation de mesure ou une mauvaise utilisation ; elles peuvent souvent être réduites ou annulées par une correction.

EXEMPLES D'ERREURS SYSTÉMATIQUES COURANTES

- Valeur erronée de la température de référence d'un thermocouple, valeur inexacte de la tension d'alimentation d'un pont de Wheatstone.
- Décalage de la mesure d'une résistance ohmique due à la valeur ohmique des fils électriques introduits lors de ce mesurage.
- Erreur de rapidité par une mesure effectuée avant établissement du régime permanent du mesurande.

Erreur aléatoire

Des mesurages répétés, pour une même valeur d'un mesurande, conduisent à des écarts entre la valeur de référence et la valeur mesurée. Ces écarts sont considérés comme des erreurs ***aléatoires*** car variant de façon imprévisible.

Certaines des causes peuvent être connues mais les valeurs des erreurs qu'elles entraînent au moment de l'expérience sont inconnues.

QUELQUES EXEMPLES D'ERREURS ALÉATOIRES COURANTES

- Erreur de quantification.
- Bruit de fond produit par agitation thermique, ou inductions parasites dues aux rayonnements électromagnétiques.
- Erreurs dues à la variation de la célérité du son, liée à la température du milieu ambiant, pour une mesure de hauteur d'un transmetteur à ultrason (*cf.* fiche 14).

Erreur aberrante

Au cours d'un étalonnage, il arrive qu'une mesure s'écarte notablement de la valeur de référence et conduise à une ***erreur aberrante.*** Une habitude classique consiste à supprimer cette valeur en la considérant comme aberrante, or il peut être dommageable de le faire sans vérification préalable. Le bon réflexe est d'essayer de retrouver la cause de cette valeur aberrante qui peut provenir, par exemple, d'une erreur de lecture ou de manipulation, et il est alors tout à fait normal de l'éliminer. En revanche, si aucune cause accidentelle n'a pu être décelée, éliminer la valeur incriminée peut conduire à rendre conforme l'appareil testé en occultant un défaut intrinsèque à cet appareil, ou tout aussi grave, à continuer l'emploi d'un protocole vicié d'étalonnage.

Dans le cas d'un échantillon de mesures, il existe des tests statistiques, comme le test de Dixon, permettant de justifier l'élimination de la valeur aberrante avec une certaine probabilité de se tromper.

EXEMPLE

Dans la notice d'un multimètre de haute précision, il est recommandé de ne commencer les mesures qu'après un temps de stabilisation en température de tous ses circuits électroniques. Lorsque ce temps n'est pas respecté, il peut conduire à une ou plusieurs valeurs aberrantes, notamment en début d'étalonnage. L'appareil étalonné peut alors être déclaré non conforme à ces caractéristiques métrologiques, alors qu'il est conforme !

Attention : une valeur extrême peut être une valeur aberrante, mais une valeur aberrante n'est pas nécessairement une valeur extrême.

3. Qualité d'une chaîne de mesurage

La qualité d'une chaîne de mesurage est évaluée par la précision regroupant la fidélité et la justesse. Pour déterminer cette précision, un grand nombre de mesures d'une même valeur d'un mesurande, dite valeur vraie, est effectuée.

La justesse de mesure est la qualité d'une chaîne de mesurage dont les erreurs systématiques sont faibles. Plus la valeur moyenne est proche de la valeur vraie, meilleure est la justesse.

Figure 4.1 : la moyenne X_1 est plus proche de la valeur vraie que la moyenne X_2. L'instrument 1 est donc plus juste que l'instrument 2.

La fidélité de mesure est la qualité d'une chaîne de mesurage dont les erreurs aléatoires sont faibles. L'écart type expérimental des résultats permet de chiffrer cette erreur de fidélité.

Figure 4.2 : l'instrument 3 est plus fidèle que l'instrument 4.

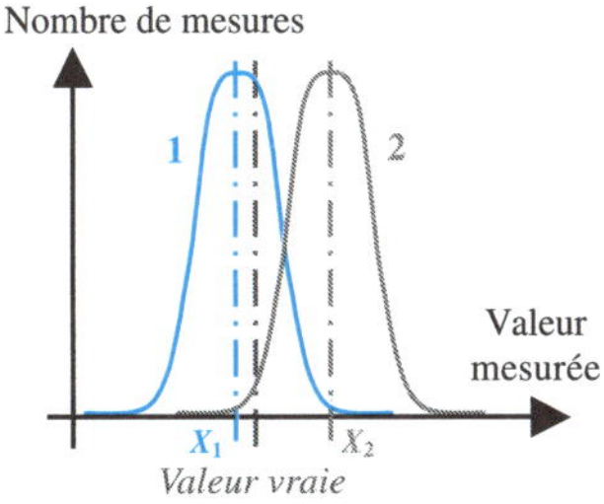

Figure 4.1 Justesse

La précision de mesure est donnée par l'erreur de précision qui délimite l'intervalle autour de la valeur mesurée dans lequel on est assuré d'avoir la valeur vraie. Une chaîne de mesurage précise est à la fois juste et fidèle.

Figure 4.3 : l'instrument 5 est plus précis que l'instrument 6, puisqu'à fidélité égale, il a une meilleure justesse.

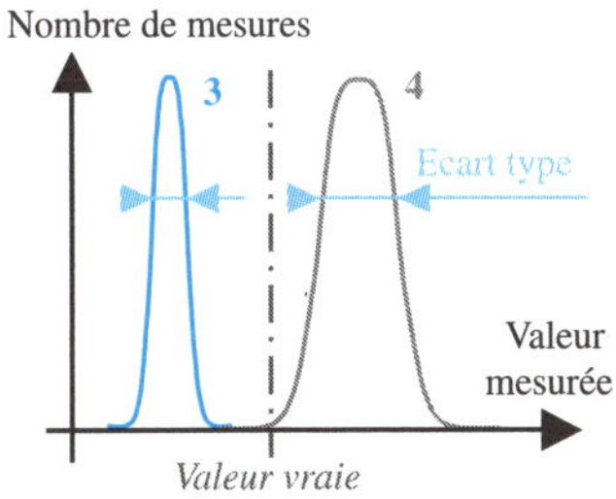

Figure 4.2 Fidélité

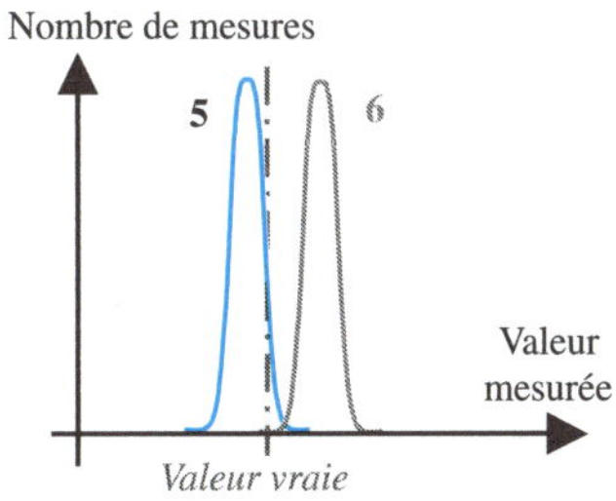

Figure 4.3 Précision

4. Étalonnage d'un instrument

La norme NF X07-001 définit l'***étalonnage*** comme l'ensemble des opérations établissant, dans les conditions spécifiées, la relation entre les valeurs de la grandeur indiquée par un appareil de mesure ou un système de mesure, et les valeurs correspondantes de la grandeur réalisée par les étalons.

Lors de l'***étalonnage d'un instrument***, il faut tenir compte de tous les paramètres additionnels susceptibles de modifier la réponse de l'instrument. Ces paramètres additionnels peuvent être :

- des grandeurs physiques liées au mesurande et auxquelles l'instrument est sensible (sens et vitesse de variation du mesurande) ;

– des grandeurs physiques, indépendantes du mesurande, auxquelles l'instrument est soumis pendant son utilisation et qui peuvent modifier sa réponse (température, humidité, tension d'alimentation).

Le certificat d'étalonnage, établi suivant les normes ISO10012 et NF EN ISO/CEI 17025, est le document qui donne le résultat des mesures, par une relation algébrique ou graphique, effectuées sur l'exactitude de l'instrument de mesure par rapport à un étalon et qui indique si l'exactitude spécifiée est satisfaite. La date et le numéro du certificat sont mentionnés sur le matériel étalonné.
Les laboratoires accrédités, après un audit du COFRAC (COmité FRançais d'ACcréditation) assurent la transmission entre les étalons nationaux et les mesures industrielles et délivrent des certificats d'étalonnage ou de vérification.

Organisation d'une chaîne d'étalonnage

Voici les étapes de la détermination d'une mesure :

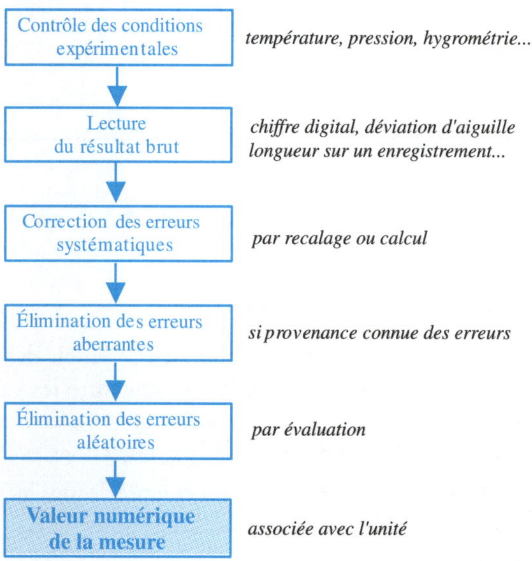

Étalonnage direct ou absolu

Les diverses valeurs du mesurande sont fournies soit par des étalons soit par des éléments de référence dont la valeur est connue avec une précision très supérieure, de l'ordre de cent fois, à celle recherchée pour l'instrument étudié. Les étalons de références sont raccordés aux étalons nationaux par l'intermédiaire du LNE (Laboratoire National d'Essai).

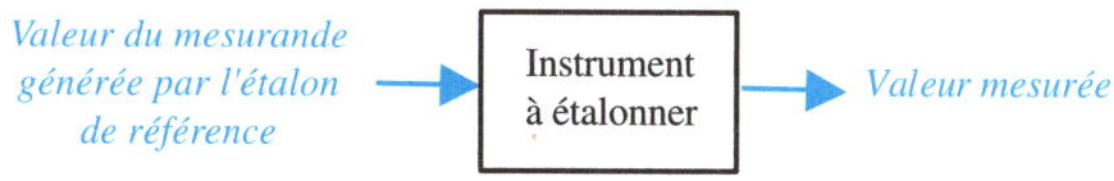

EXEMPLES D'ÉLÉMENTS DE RÉFÉRENCE

- Masses marquées pour les balances et pesons.
- Températures de points fixes primaires ou secondaires pour les capteurs de température définies par l'Échelle Internationale de Température 1990 (EIT 90).
- Solutions tampons pour les sondes de *pH.*
- Solutions salines de référence d'humidité relative pour les hygromètres.

ÉTALONNAGE OU VÉRIFICATION ?

L'opération d'étalonnage fait l'objet d'un certificat suivant les normes NF EN ISO/CEI17025 mentionnant un ou des résultats chiffrés sur l'instrument. L'opération de vérification se traduit par une décision de conformité ou de non-conformité par rapport à une norme, des spécifications définies par le constructeur ou le client. Il s'ensuit une décision de remise en service, d'ajustage, de déclassement ou de réforme, consigné dans un constat de vérification. La vérification correspond à une notion de jugement (conforme ou non conforme).

Étalonnage indirect ou par comparaison

On utilise un instrument de référence dont on possède la courbe d'étalonnage et dont on est assuré de la stabilité dans le temps. L'instrument de référence et l'instrument à étalonner sont soumis dans les mêmes conditions, simultanément si possible, à l'action de mesurandes identiques dont l'instrument de référence permet de connaître les valeurs.

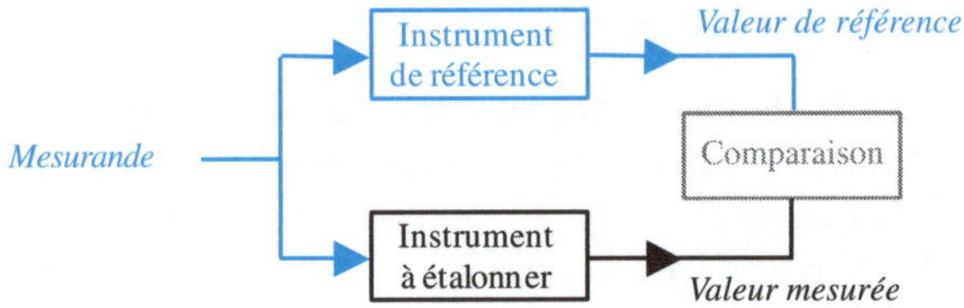

Figure 4.4 Étalonnage par comparaison

Les valeurs associées du mesurande et de la grandeur de sortie, qui sont en nombre limité, doivent cependant permettre d'établir sans ambiguïté et compte tenu de l'exactitude des mesures, la relation entre mesurande et grandeur de sortie ; soit sous forme graphique appelée courbe d'étalonnage de l'instrument, soit sous forme algébrique donnée par l'équation caractéristique de l'instrument.

Étalonnage multiple

Lorsque le mesurande à lui seul ne permet pas de définir la réponse de l'instrument, il faut que soit précisée, par une série d'étalonnages successifs, l'influence de chacun des paramètres actifs.

EXEMPLE
Si la température modifie la réponse de l'instrument, on effectue une série d'étalonnages, chacun étant réalisé pour une température constante, et l'opération est répétée pour diverses températures réparties dans la plage d'utilisation de l'instrument. À partir de ces courbes obtenues, l'utilisateur peut, dans les conditions expérimentales qui lui sont propres, déterminer par interpolation la réponse de l'instrument.

Une fois sa conformité validée, le capteur doit être installé en respect des spécifications du constructeur. Un excellent capteur mal installé donne une image médiocre de la mesure et peut engendrer des dysfonctionnements dans la conduite de l'installation.

EXERCICE 1 Incertitudes et conformité

Un multimètre portable MULTPORT à « 2 000 points » est contrôlé à l'aide d'un multimètre de référence MULTREF à « 50 000 points ». Pour savoir s'il est conforme pour le mesurage de résistances électriques, on réalise un étalonnage par comparaison directe et on relève les mesures suivantes.

Dans la relation donnée de l'incertitude, il faut comprendre Lecture pour la lettre L et Unité de Représentation pour le sigle UR.

MULTREF	MULTPOR
Calibre : 2 000 Ω = 2 kΩ	Calibre : 2 000 Ω = 2 kΩ
Incertitude : $\varepsilon = \pm 0{,}03\ \% \times L \pm 4 \times UR$	Incertitude : $\varepsilon = \pm 0{,}5\ \% \times L \pm 2 \times UR$
Mesure de résistance (Ω)	Mesure de résistance (Ω)
199,51	197,0
601,0	598
800,2	796

1. **À partir du nombre de points de l'affichage, expliquer les chiffres significatifs relevés des mesures.**

2. **Déterminer la conformité ou la non-conformité du multimètre MULTPOR.**

Solution

1. Le multimètre MULTREF peut afficher « 50 000 points » soit en valeur minimale « 00 000 » et en valeur maximale « 49 999 ». Pour l'affichage 200 Ω, la valeur minimale devient « 000,00 Ω » et la valeur maximale « 499,99 Ω ». Le premier chiffre affiché ne peut pas être supérieur à 4, donc pour une mesure de 600 ou de 800, on perd un chiffre significatif sur la valeur. Le raisonnement est identique pour le multimètre MULTPOR.

2. On détermine les valeurs limites min. et max. à partir de l'incertitude donnée :

$$\varepsilon = \pm 0{,}5\ \% \times L \pm 2 \times UR$$

Attention, la « lecture », celle de la valeur vraie, est donnée par le multimètre MULTREF et on obtient pour la mesure de 197,0 Ω :

$$\varepsilon = \pm 0{,}5\ \% \times \mathbf{199{,}51} \pm (2 \times 2\,000/2\,000) = \pm 3{,}0\ \Omega$$

Toutes les mesures affichées par le multimètre MULTPOR sont à l'intérieur des valeurs limites autorisées : il est donc conforme.

MULTPOR Résistance mesurée (Ω)	Incertitude mini (Ω)	Incertitude maxi (Ω)	Valeur limite mini (Ω)	Valeur limite maxi (Ω)
197,0	– 3,0	3,0	196,5	202,5
598	– 5	5	596	606
796	– 6	6	794	806

Fiche 5 Caractéristiques métrologiques des instruments de mesure

La connaissance des caractéristiques métrologiques est indispensable au technicien pour choisir et exploiter avec pertinence les instruments de mesure.

Rappel : le mesurande désigne la grandeur physique soumise au mesurage (*cf.* fiche 4).

1. Étendue d'échelle

L'***échelle de mesure*** est donnée par la limite inférieure de mesure et la limite supérieure de mesure de l'instrument.

L'***Étendue d'Échelle*** (EE) est la différence algébrique entre les valeurs extrêmes du mesurande qui peuvent être appliquées à l'instrument, et pour laquelle les caractéristiques métrologiques sont garanties.

Le terme usuel d'étendue d'échelle correspondant au terme normalisé d'intervalle de mesure.

EXEMPLE D'ÉTENDUE D'ÉCHELLE

Débitmètre : échelle de 1 $m^3 \cdot h^{-1}$ à 10 $m^3 \cdot h^{-1}$. EE = 9 $m^3 \cdot h^{-1}$.

Sonde de température : échelle de – 100 °C à 300 °C. EE = 400 °C.

Transmetteur de pression différentielle : échelle de – 20 hPa à 40 hPa. EE = 60 hPa.

2. Étendue de mesure

L'***Étendue de Mesure*** (EM) est la différence algébrique entre les valeurs limites réglées par l'instrumentiste du mesurande qui peuvent être appliquées à l'instrument, et pour laquelle les caractéristiques métrologiques sont garanties.

EXEMPLE D'ÉTENDUE DE MESURE

Débitmètre réglé de 1 $m^3 \cdot h^{-1}$ à 5 $m^3 \cdot h^{-1}$. EM = 4 $m^3 \cdot h^{-1}$.

Sonde de température réglée de – 50 °C à 0 °C. EM = 50 °C.

Transmetteur de pression différentielle réglé de – 20 hPa à 20 hPa.
EM = 40 hPa.

3. Zéro de mesure

Le ***zéro de mesure*** est la valeur prise comme ***origine*** de l'information délivrée par l'instrument. Le zéro des transmetteurs industriels actuels est réglable par configuration.

Le ***décalage de zéro est dit positif*** si la valeur de l'étendue de mesure est supérieure à la valeur maximale.

Le ***décalage de zéro est dit négatif*** si la valeur de l'étendue de mesure est inférieure à la valeur maximale.

EXEMPLE

Caractéristiques obtenues par deux réglages d'un transmetteur de température d'échelle – 100 °C à 300 °C délivrant un signal de mesure normalisé 4 – 20 mA proportionnel à la température.

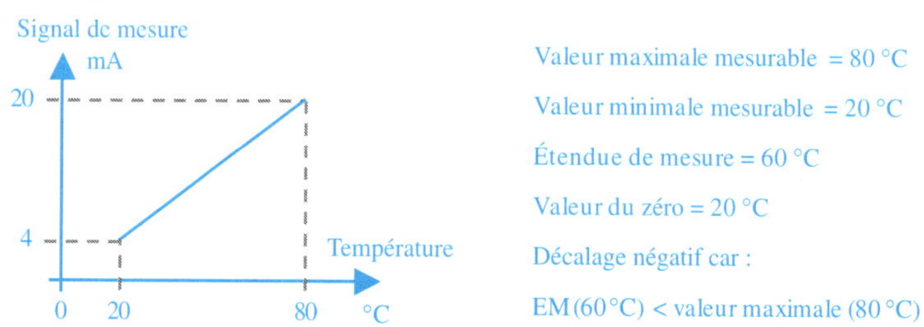

Figure 5.1 Réglage n°1

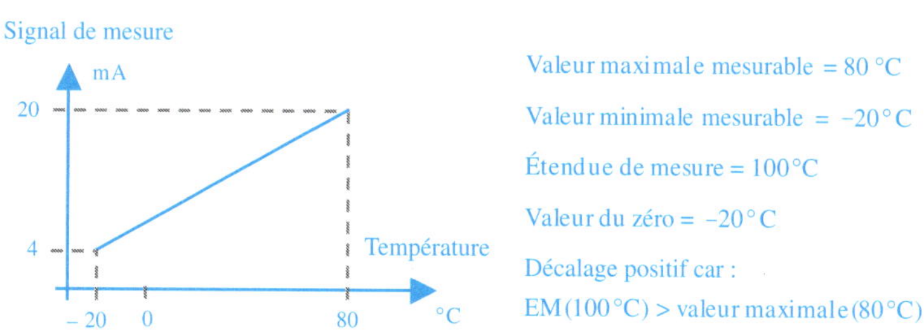

Figure 5.2 Réglage n°2

4. Rangeabilité

La ***rangeabilité*** R d'un instrument s'exprime comme le quotient de l'étendue de mesure maximale réglable par l'étendue de mesure minimale réglable. Cette définition implique que le réglage d'étendue soit prévu par le fabricant.

$$\boxed{R = \frac{EM_{\text{maxi}}}{EM_{\text{mini}}}}$$

Elle se note sous la forme R : 1, et elle chiffre la capacité de réglage de l'instrument. Une rangeabilité de 3 : 1 est médiocre, car il est classique d'avoir des rangeabilités entre 10 : 1 et 20 : 1. Certains transmetteurs numériques ont souvent des rangeabilités supérieures à 50 : 1, voire à 100 : 1, gage d'une très grande souplesse d'adaptabilité au problème de mesure.

EXEMPLE

La notice d'un transmetteur de niveau (*cf.* fiches 12, 13, 14) annonce un réglage d'une étendue de mesure de 0,6 m à 30 m.

La rangeabilité est $R = 30/0,6 = 50$ et elle est notée 50 : 1. Ce qui correspond à une excellente capacité de réglage.

5. Précision d'instrument

Calibre

Le ***calibre*** d'un instrument est la valeur de la grandeur à mesurer qui correspond à la limite supérieure de l'étendue de mesure. Pour une configuration donnée d'un voltmètre la limite supérieure indiquée est de 10 V : son calibre est alors de 10 V.

Classe d'exactitude ou classe de précision

Un instrument de mesure est caractérisé au moyen d'un nombre, appelé indice de ***classe d'exactitude.*** Celui-ci représente la limite supérieure de l'erreur absolue intrinsèque exprimée en centièmes de la plus grande indication que peut donner l'instrument.

À partir de la valeur de la classe C_l, pour le calibre C_a d'un instrument, ***la valeur absolue de l'erreur maximale*** $\varepsilon_{\text{maxi}}$ que l'on peut commettre en effectuant un mesurage est :

$$\varepsilon_{\text{maxi}} = \frac{C_l \cdot C_a}{100}$$

Pour un transmetteur, la classe est exprimée pour l'étendue de mesure maximale au lieu du calibre. Les valeurs des indices de classe sont fixées par la norme NF C 42-100.

EXEMPLE

Un ampèremètre de classe 0,2 est un appareil dont l'erreur absolue intrinsèque ne dépasse pas 0,2 % de son indication la plus grande. Pour un calibre $C_a = 40$ mA, cette erreur absolue $\varepsilon_{\text{maxi}}$ est donc inférieure ou égale à $0{,}2 \times 40/100 = 0{,}08$ mA.

EXACTITUDE ET PRÉCISION

Selon la norme NF X 07-100, l'emploi du terme ***précision*** doit être évité au profit du terme ***exactitude***. L'exactitude exprime la concordance entre la valeur mesurée par l'ensemble de l'instrument et la valeur conventionnellement vraie de la grandeur mesurée. Cependant, le terme précision englobe dans son acception courante : les erreurs intrinsèques de l'instrument (hystérésis, non-linéarité, répétabilité), l'effet des grandeurs d'influence, l'exactitude de l'étalonnage effectué, la fidélité de l'instrument, et l'exactitude de la chaîne de transmission, d'acquisition et de traitement.

Incertitude absolue annoncée par le fabricant

Pour un instrument de mesure, le fabricant annonce la manière dont on peut calculer l'erreur maximale ou ***incertitude absolue***.

EXEMPLE

La valeur affichée par un voltmètre numérique « à 2 000 points de mesure », sur le calibre 20 V en tension continue, est de 4,51 V.

Le constructeur indique, comme incertitude de mesure : « 0,5 % de la lecture + 1 digit ».

Une annonce de « 2 000 points de mesure » signifie une indication minimale de « 0001 » et une indication maximale de « 1 999 », le point décimal de l'indication dépendant du calibre.

L'incertitude absolue vaut : $\varepsilon_{\text{maxi}} = 22{,}5$ mV + 10 mV = 32,5 mV.

6. Sensibilité

La ***sensibilité*** S_e est le quotient de l'accroissement du signal de sortie S de l'instrument par l'accroissement du signal d'entrée E correspondant obtenu en régime permanent :

$$\boxed{S_e = \frac{dS}{dE}}$$

Elle s'exprime en unité de la grandeur de sortie par unité de la grandeur d'entrée. Lorsqu'un instrument est linéaire, la sensibilité indiquée est la pente de la droite qui est la meilleure approximation de la courbe d'étalonnage, généralement obtenue par la méthode des moindres carrés.

7. Linéarité

Un instrument est dit linéaire dans une plage déterminée du mesurande si sa sensibilité y est indépendante de la valeur du mesurande. L'écart de ***linéarité*** est la spécification qui permet d'apprécier la plus ou moins bonne linéarité d'une courbe d'étalonnage. Il est défini à partir de l'écart maximal entre la courbe d'étalonnage et la meilleure droite, et il est exprimé en pourcentage de la valeur maximale de la grandeur de sortie dans l'étendue de mesure considérée.

La courbe d'étalonnage est tracée à partir des points expérimentaux. L'équation de la droite, appelée meilleure droite, qui est la représentation la plus probable est déterminée par la méthode des moindres carrés.

Exercice 1 Transmetteur de pression

Un transmetteur de pression relative (*cf.* fiche 11) est de classe d'exactitude $C_1 = 0{,}5$.

Le signal de mesure est un courant normalisé de 4 à 20 mA.

L'étendue de mesure du transmetteur est réglable de 0 à 50 hPa jusqu'à 0 à 700 hPa avec un décalage de zéro DZ réglable de 0 à 100 hPA.

On désire $EM = 300$ hPA et $DZ = 80$ hPA.

1. Tracer la caractéristique statique en indiquant EM et DZ.
2. Le décalage DZ est-il positif ou négatif ?

3. Déterminer la rangeabilité R de ce transmetteur.

4. Quelle est la sensibilité S_e réglée sur ce transmetteur ?

5. Déterminer l'erreur maximale ε_{maxi} pour une pression $P = 190$ hPA.

Solution

1. Valeur maximale mesurable = 380 hPa

Valeur minimale mesurable = 80 hPa

Étendue de mesure = 300 hPa

Valeur du zéro = 80 hPa

2. Le décalage est négatif car :

EM (300 hPa) < valeur maximale (380 hPa)

3. La rangeabilité est $R = 700/50 = 14$ soit : R = 14 : 1.

4. La sensibilité $S_e = 16/300 = 0{,}53$ mA · hPa⁻1.

5. Pour toutes les mesures on a :

$\varepsilon_{maxi} = 0{,}5 \times 700/100 = 3{,}5$ hPa.

À titre d'indication, pour 190 hPa, l'erreur relative est : 3,5/190 = 1,8 %.

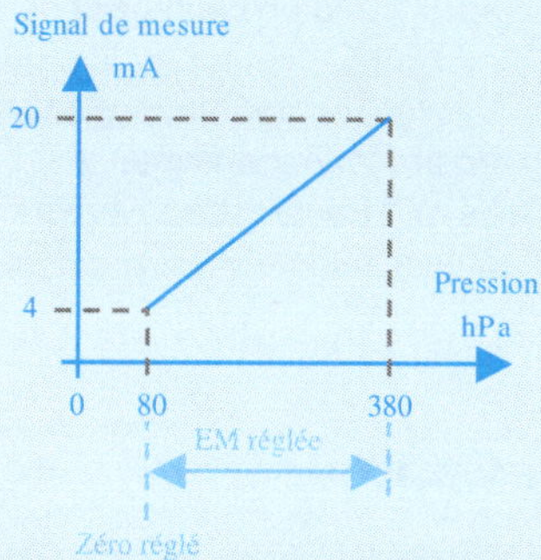

Figure 5.3 Transmetteur de pression

Fiche 6 Capteur-transmetteur

LANGAGE TECHNIQUE

- Le langage technique usuel simplifiant souvent les dénominations, l'association d'un capteur et de son transmetteur devient couramment, par raccourci, capteur au lieu du terme capteur-transmetteur.
- L'acception coutumière du mot capteur définit un instrument de mesure de procédé industriel.
- Le mot transmetteur, intégré ou déporté, correspond à un convertisseur d'un signal de mesure en un signal normalisé.

1. Capteur

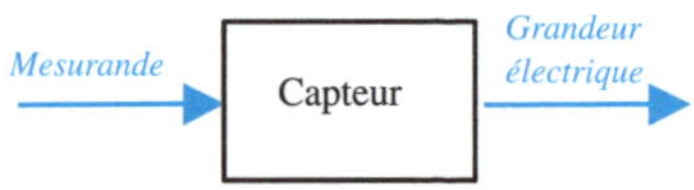

Définition et constitution

Le capteur est l'élément primaire sensible au phénomène physique qui le traduit en une grandeur exploitable généralement électrique. Il est le premier élément de la chaîne de mesurage.

Lorsque le capteur est constitué de plusieurs éléments, le corps d'épreuve est celui en contact direct avec le mesurande.

Il génère une grandeur physique intermédiaire (déplacement, déformation, force…) traduite en une grandeur électrique (tension, capacité, induction…) par le transducteur.

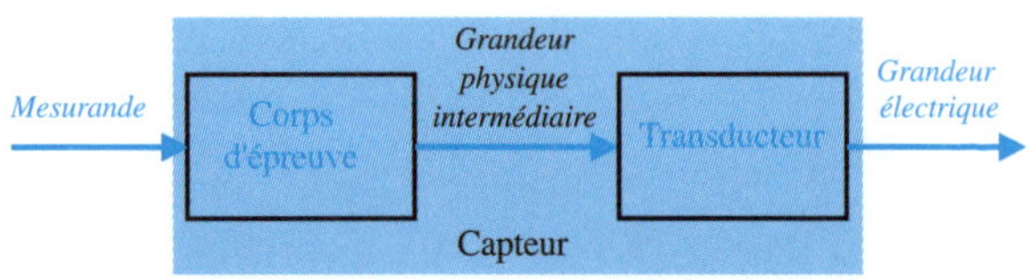

Figure 6.1 Constitution d'un capteur

En pratique, les termes capteur et transducteur désignent le même constituant, traduit en anglais par les mots *sensor* et *transducer*.

Capteur passif

Le capteur est ***passif*** lorsque la grandeur électrique exploitable est une impédance à dominante capacitive, inductive ou résistive. C'est un dipôle passif : l'impédance d'un capteur passif n'est mesurable qu'avec un conditionneur électronique associé.

JAUGE DE CONTRAINTE RÉSISTIVE

Une jauge de contrainte résistive (transducteur) est collée sur l'extérieur d'un tube. Sous l'influence d'une variation de pression, la jauge subit une déformation identique au tube (corps d'épreuve), et sa résistance ohmique varie.

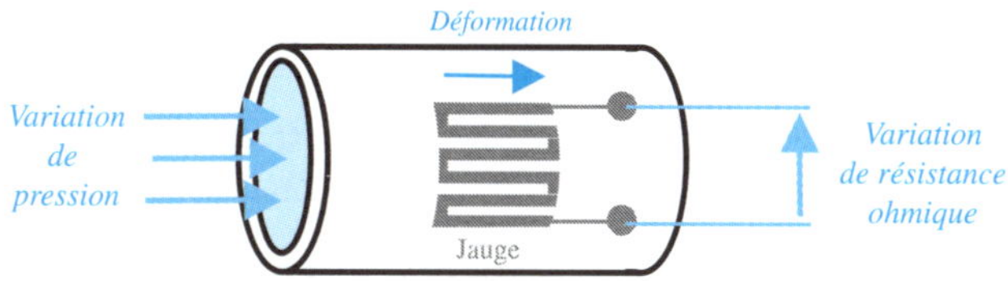

Figure 6.2 Capteur passif : capteur de pression à jauge résistive

Capteur actif

Le capteur est ***actif*** lorsque, soumis au mesurande, il se comporte en générateur électrique : générateur de charge, de courant, ou de force électromotrice. Le signal généré est faible : pour une variation de 100 °C, la f.é.m d'un thermocouple type K varie de 4 mV (*cf.* fiche 9).

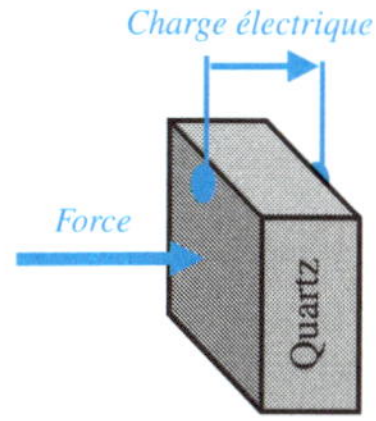

Figure 6.3 Capteur actif, générateur de charge

CAPTEUR GÉNÉRATEUR DE CHARGE

L'effet piézoélectrique du quartz traduit l'apparition de charges superficielles sur les faces opposées d'une lame soumise à une force. Cet effet est réversible.

2. Transmetteur

Définition

D'après la norme NF C 46-303, un ***transmetteur*** est un appareil qui, recevant une vraie variable mesurée, produit un signal de sortie normalisé pouvant être transmis et ayant une relation continue et définie avec la valeur de la variable mesurée.

Constitution

Pour élaborer un signal normalisé à partir du signal généré par le capteur, le transmetteur comprend globalement un amplificateur, un filtre, et un traitement du signal (figure 6.4). Le transmetteur complète ainsi la chaîne de mesurage du capteur.

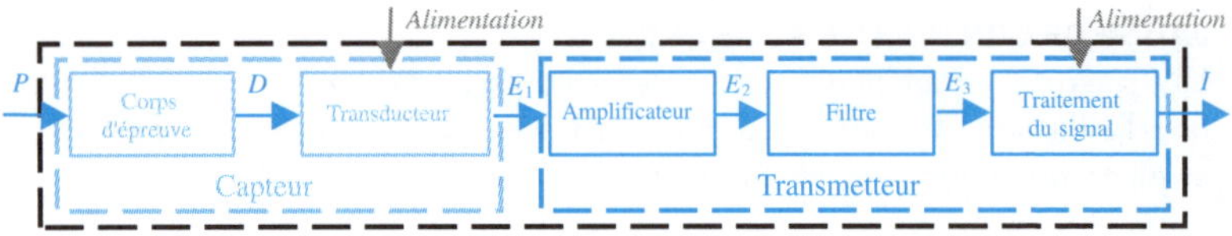

Figure 6.4 Capteur-transmetteur de pression

L'***amplificateur***, en augmentant le niveau du signal électrique E_1 délivré par le capteur, réduit le rapport « bruit de fond/signal », et améliore ainsi la qualité du signal E_2 transmis.

Le ***filtre*** élimine ou atténue les signaux parasites dans la limite de certaines fréquences pour garantir un signal de mesure E_3 convenable. Parmi de nombreuses familles de filtres, le plus répandu est le filtre passe-bas.

Le ***traitement du signal*** réalise la fonction finale désirée, généralement linéaire, entre le mesurande et la mesure, et détermine la nature, tension ou courant, et l'intensité du signal de mesure. Dans le cas du capteur-transmetteur de pression, figure 6.4, le signal délivré est un courant I tel que : $I = a \cdot P + b$, a et b dépendants du réglage effectué.

EXEMPLE

Capteur-transmetteur de température à entrée thermocouple type K de 500 °C à 900 °C, et sortie courant 4 – 20 mA. Ce capteur n'est pas linéaire (*cf.* fiche 9), et c'est le transmetteur qui rend la relation linéaire : $I = 0{,}04 \times T - 16$.

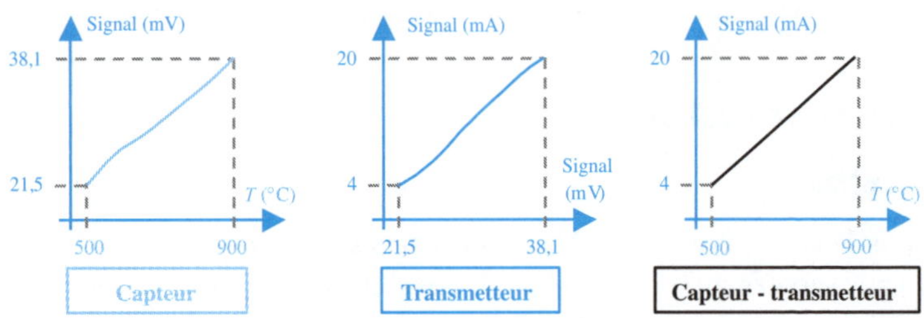

Figure 6.5 Capteur-transmetteur

Transmetteur universel intégré ou déporté

Le capteur est fixé sur le procédé et il délivre un signal de mesure de faible intensité, qui ne peut être transmis sur de grandes longueurs. La solution consiste à faire appel à un ***transmetteur universel,*** soit ***intégré*** dans le boîtier de raccordement du capteur, soit ***déporté*** et monté sur rail dans un coffret d'instrumentation distant jusqu'à quelques dizaines de mètres du capteur (figures 6.6 et 6.7).

Les transmetteurs actuels s'adaptent à un très grand nombre de capteurs industriels par configuration numérique. Elle permet notamment le réglage de la nature de l'entrée et de son étendue, du temps de réponse souhaité, de la linéarisation éventuelle, et de la nature de la sortie et de son étendue. Ils peuvent être de type universel ou bien spécifique à un capteur comme pour les thermocouples ou les sondes RTD (*cf.* fiches 8 et 9).

Figure 6.6 Transmetteur universel intégré (sans capteur). *Prosensor*

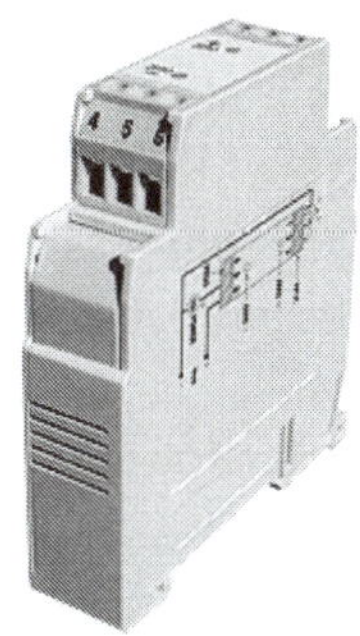

Figure 6.7 Transmetteur universel déporté. *Prosensor*

3. Signaux utilisés

Signaux universels

Un capteur délivre un signal de faible intensité désigné par l'appellation « ***signal bas niveau*** ». Pour l'étendue de mesure du capteur, les signaux « bas niveau » sont : potentiomètrique, thermocouple, RTD (*Resistor Thermometer Detector*), tension (ex. : – 20 mV à + 20 mV, 0 à 100 mV), ou courant.

Malgré un signal « bas niveau », un capteur peut être relié à l'entrée de mesure d'un dispositif de contrôle tel qu'un automate programmable industriel (API) ou un régulateur. Dans ce cas, la carte d'entrée se substitue au transmetteur absent et réalise par exemple l'amplification et le traitement de linéarisation du signal délivré par un thermocouple.

Un transmetteur délivre un signal appelé « ***signal haut niveau*** » puisque son énergie permet la transmission de la mesure à une grande distance (plusieurs centaines de mètres) du point de mesure. Ces signaux « haut niveau » sont : 0 – 5 V, 1 – 5 V, 0 – 10 V, 0 – 20 mA et 4 – 20 mA.

Le standard 4 – 20 mA

Les avantages du signal analogique en courant 4 – 20 mA :

- il n'est pas affecté par les chutes ohmiques de tension ;
- les tensions parasites ne l'influencent pas, grâce à l'impédance interne du générateur de courant en série dans la boucle ;
- il autorise la transmission de la mesure sur une distance supérieure à 1 km ;
- il possède une bonne immunité aux parasites de type magnétique ;
- il est économique, puisque deux fils par instrument suffisent pour l'alimentation en tension et la transmission de la mesure ;
- la valeur 4 mA permet de différentier le zéro de mesure de la rupture de la transmission, et d'alimenter le transmetteur dans le cas d'un « 2 fils » ;
- il admet la superposition d'un signal numérique de communication HART.

En instrumentation industrielle, le signal 4 – 20 mA est un standard depuis plusieurs dizaines d'années et tous les fabricants d'instruments proposent ce signal.

L'inconvénient du signal en courant analogique, 4 – 20 mA ou 0 – 20 mA, est qu'une vérification du transmetteur conduit à couper la transmission, puisque tous les instruments sont montés en série dans une boucle de courant, à moins de se munir d'une pince ampérométrique. Le « signal HART » détourne en partie cet inconvénient.

Raccordement électrique d'un transmetteur

Le raccordement électrique d'un transmetteur au dispositif d'exploitation de la mesure, dépend de la nature du signal de mesure et de son alimentation. Il existe des transmetteurs « à 2 fils », « à 3 fils » ou « à 4 fils ».

Tableau 6.1. Transmetteurs « à 2 fils », « à 3 fils » ou « à 4 fils »

	Signal courant		Signal tension	Alimentation en tension continue	Alimentation en tension alternative
Transmetteur	4 – 20 mA	0 –20 mA	0 – 5 V 1 – 5 V 0 – 10 V	10 Vic à 48 Vic en fonction de la charge	24 Vac 48 Vac 230 Vac ou autre
à 2 fils	oui	non	non	oui	non
à 3 fils	oui	oui	oui	oui	non
à 4 fils	oui	oui	oui	oui	oui

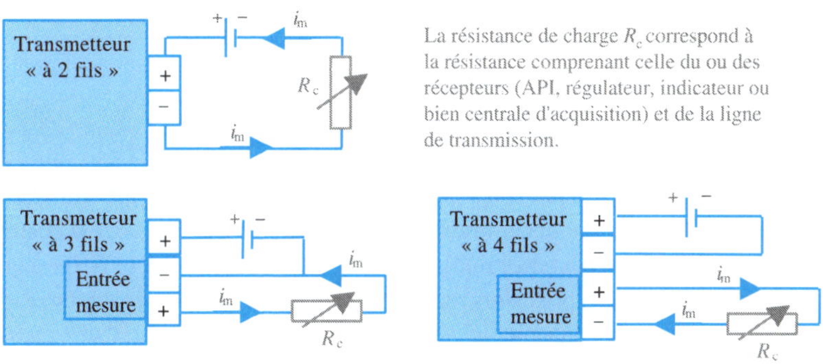

Figure 6.8 Raccordement des transmetteurs à signal 4 –20 mA avec alimentation en tension continue

> En instrumentation industrielle, par soucis d'économie et de standardisation, les transmetteurs « à 2 fils » en signal 4 – 20 mA sont les plus répandus.

Signal de communication HART

Le protocole HART (*Highway Addressable Remote Transducer*) permet la communication simultanée de données analogiques et numériques. Ce protocole de communication de type série est spécifique au contrôle industriel et compatible avec les boucles de courant analogique 4 – 20 mA.

La communication effectuée sous forme digitale utilise un courant alternatif modulé en fréquence qui est superposé au courant analogique 4 – 20 mA sans l'altérer puisque sa valeur moyenne est nulle. Le protocole est basé sur un système de modulation Bell 202 et du procédé FSK (*Frequency Shift Key*) : les données numériques sont transmises en série avec une fréquence de 1 200 Hz pour l'état logique 1 et une fréquence de 2 200 Hz pour l'état logique 0.

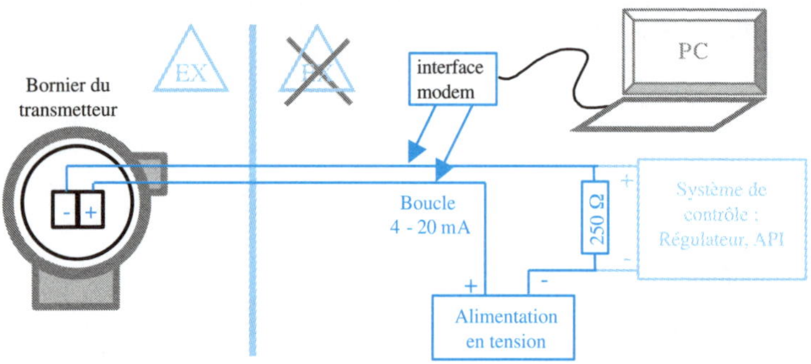

Figure 6.9 Raccordement d'un transmetteur à protocole HART

Le transmetteur, repéré par son adresse IP, est configurable par un ordinateur équipé d'un modem, lié par un port USB, branché en parallèle sur la boucle de courant avec une résistance minimale de 250 Ω en série (figure 6.9) ou par Bluetooth. L'opérateur peut alors régler, par exemple, l'étendue de mesure avec son unité, le temps de réponse, les valeurs d'alarmes, la validation d'une racine carrée ou cubique sur le signal de mesure, et pour la maintenance préventive, interroger l'état du transmetteur, de la mesure, ou encore de la température du boîtier. La longueur maximale de cette transmission est de 3 000 m avec un câblage en paire torsadée. La boucle peut comporter jusqu'à 8 transmetteurs en série sur les deux fils, mais dans ce cas un seul transmetteur peut fournir un signal de mesure en 4 – 20 mA.

Bus de terrain

Le principe d'un bus de terrain est de relier tous les transmetteurs, actionneurs et dispositifs de contrôle, d'un secteur industriel en un réseau où tous les instruments communiquent les uns avec les autres (figure 6.10).

Les deux bus de terrain les plus répandus dans le contrôle de process industriel sont le Fieldbus Fondation FF-H1, et le Profibus PA. Ils sont reconnus par la norme internationale IEC 61158-2. La liaison unique entre tous les instruments sert au dialogue et à la configuration, ainsi qu'à l'alimentation.

La structure en réseau permet la liaison de 32 instruments par bus linéaire, sauf en zone dangereuse pour des raisons électriques ; de 8 à 9 (Profibus) et de 4 à 6 (FF-H1).

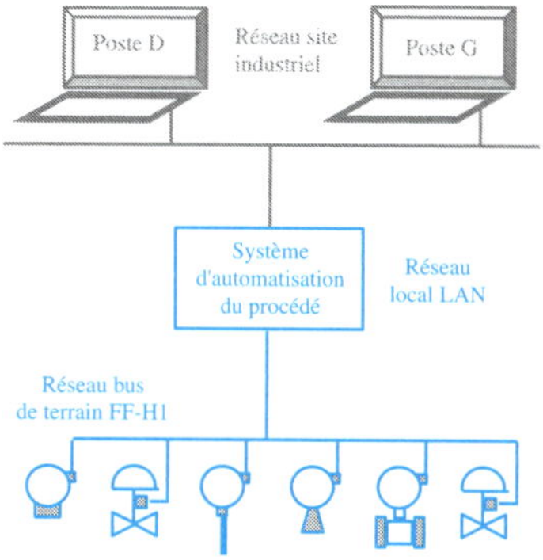

Figure 6.10 Bus de terrain FF-H1

Les avantages de cette communication numérique sont nombreux : le bus de terrain simplifie les raccordements en s'affranchissant de l'analogique, la mise en œuvre et donc l'interchangeabilité, la configuration, et assure le suivi pour la maintenance préventive, grâce à la mémoire interne du transmetteur ou de l'actionneur.

EXERCICE 1 Mesure de débit

Une mesure continue d'un débit d'eau est effectuée par un organe déprimogène et un capteur-transmetteur de pression différentielle (*cf.* fiche 15). La relation entre le débit Q ($m^3 \cdot h^{-1}$) et la pression différentielle ΔP (mbar) est : $Q = k\sqrt{\Delta P}$. Caractéristiques : échelle réglée de 0 mbar à 300 mbar ; échelle désirée de 0 $m^3 \cdot h^{-1}$ à 8 $m^3 \cdot h^{-1}$; signal 4 – 20 mA avec protocole HART ; la résistance de charge R_c (Ω) maximale dépend de la tension d'alimentation (en V) par $R_c = (U_{alim} - 9)\,0{,}02$. La mesure du débit est transmise à un API par la carte d'entrée analogique qui constitue une charge de 250 Ω aux bornes 3 (–) et 4 (+) La résistance ohmique de cette ligne est de 170 Ω. Cet API fournit une alimentation de 24 Vdc aux bornes 1 (+) et 2 (–).

1. Vérifier que l'alimentation de l'API est suffisante pour cette application.
2. Réaliser le schéma de raccordement avec l'API.
3. Tracer $Q = k\sqrt{\Delta P}$. pour l'échelle désirée.
4. Tracer la relation du capteur-transmetteur $I = f(\Delta P)$ exprimée sous forme de pourcentage puis en unités physiques.

5. La racine carrée étant validée dans la configuration par la micro-console HART, à l'atelier, on applique une ΔP de 75 mbar puis une ΔP de 150 mbar. Déterminer les valeurs de courant que doit indiquer le transmetteur.

6. Sur le site, on applique un débit de 1 $m^3 \cdot h^{-1}$ puis un débit de 6 $m^3 \cdot h^{-1}$ mesurés avec un débitmètre de référence. Déterminer les courants correspondants ainsi que les pourcentages de la mesure du débit que doit indiquer la console.

Solution

1. $U_{alim} = 0{,}02 \times (250 + 170) + 9 = 17{,}4$ V. La tension de 24 V est suffisante.

2. Sur le schéma figure 6.11, le sens du courant (I) de mesure 4 – 20 mA est indiqué.

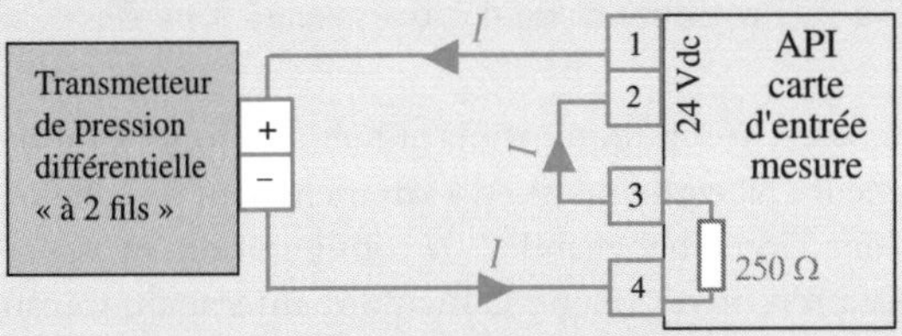

Figure 6.11 Schéma de raccordement

3. Figure 6.12.

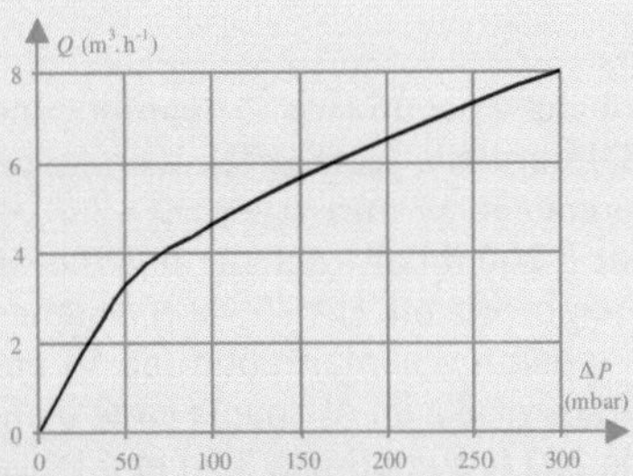

Figure 6.12 Relation $Q = f(\Delta P)$

4. Figure 6.13.

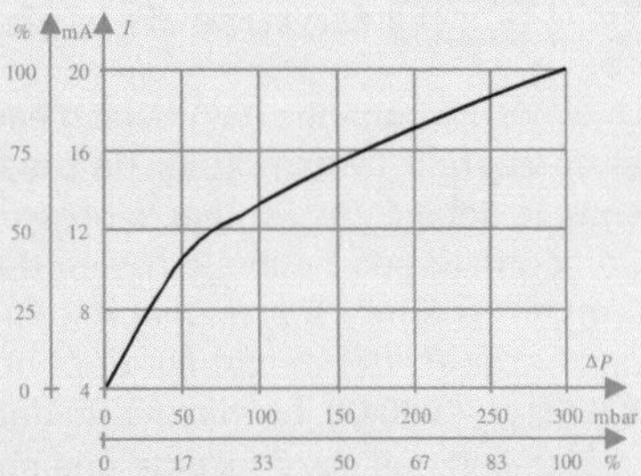

Figure 6.13 Relation $I = f(\Delta P)$

5. Pour $\Delta P = 75$ mbar on a $\Delta P_{\%} = 25$ %. Comme $I_{\%} = Q_{\%} = \sqrt{\Delta P_{\%}}$ on a $I_{\%} = \sqrt{25\,\%} = 50\,\%$ soit $I = 12$ mA.

Pour $\Delta P = 150$ mbar on a $\Delta P = 50$ % et $I_{\%} = \sqrt{50\,\%} = 70{,}71$ %, soit $I = 15{,}31$ mA.

6. Le signal est proportionnel au débit, donc : $Q = 1$ $m^3 \cdot h^{-1}$ donne $Q_{\%} = 12{,}5$ % et $I = 6$ mA et $Q = 6$ $m^3 \cdot h^{-1}$ donne $Q_{\%} = 75$ % et $I = 16$ mA.

Environnement industriel des instruments

Fiche 7

Il est primordial qu'un instrument satisfasse, par ses qualités intrinsèques, à sa fonction première. Mais il doit rester performant quelles que soient les contraintes que peut lui soumettre l'environnement du processus industriel, sans mettre en danger ni le personnel, ni l'installation, ni l'environnement par une pollution. Cette fiche a l'objectif de sensibiliser le technicien à ces notions environnementales.

1. Environnement industriel

Environnement

Tout appareil quel qu'il soit, instrument de mesure, de contrôle-commande ou autre, doit fonctionner dans les ***conditions de services*** imposées par le fonctionnement du processus sur lequel il opère, ainsi que dans le ***milieu ambiant*** dans lequel il évolue (figure 7.1).

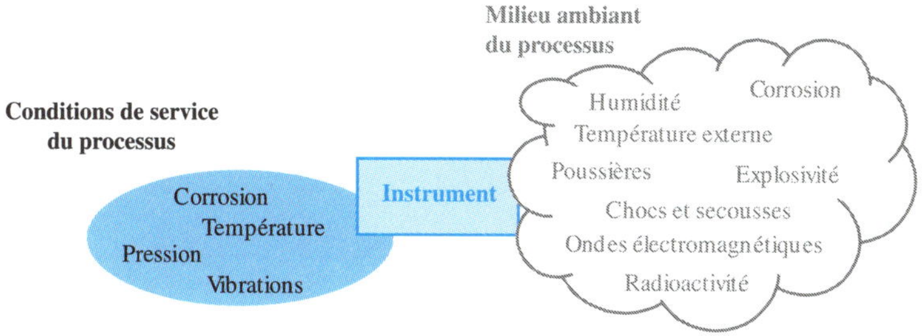

Figure 7.1 Environnement industriel d'un instrument

L'examen attentif et exhaustif de l'environnement industriel d'un appareil définit toutes les qualités intrinsèques indispensables pour qu'il reste opérationnel.

2. Adaptation aux conditions de service

La ***corrosion*** dégrade les qualités de résistance mécanique de l'instrument notamment aux tenues à la ***température*** et à la ***pression de service.*** Le choix primordial du matériau détermine la compatibilité à la corrosion, et se détermine à partir de la composition chimique détaillée du produit en contact avec l'instrument.

EXEMPLE : AMBIANCE SALÉE

Les sondes à ultrasons mesurant le niveau de la mer aux écluses de Le Crotoy ne sont pas en contact avec l'eau salée, mais les enveloppes de leurs transmetteurs doivent être protégées contre l'agressivité de l'air salin.

Les valeurs des températures limites et pressions limites de service doivent être déterminées pour le fonctionnement normal du processus. En fixant une marge de sécurité pour le couple pression-température maximal, on détermine la série PN pour un matériau donné qui va satisfaire la résistance mécanique sous ces conditions (tableau 7.1). Les services spécialisés des fabricants des instruments proposent des gammes complètes concernant les relations « matériau-pression-température ».

Tableau 7.1. Pression maximale amissible en bar en fonction de la température et de la série ISO PN pour aciers selon norme NF E 29 006

Série ISO	20 °C	110 °C	200 °C	250 °C	300 °C	350 °C
PN10	10,0	**10,0**	8,8	8,2	7,2	6,6
PN16	16,0	**16,0**	14,1	13,1	11,1	10,5
PN25	25,0	**25,0**	22,1	20,5	18,6	16,5
PN40	40,0	**40,0**	35,4	32,8	29,0	26,4

EXEMPLE : SÉRIE PN

Un débitmètre (acier A48CP) mesurant un débit d'air sec à une pression entre 5 et 15 bars et une température maximale de 80 °C doit être de série PN16 ou supérieure.

3. Degrés de protection

Tout matériel électrique est protégé par une enveloppe au point de vue poussières, pénétration de l'eau et impacts mécaniques externes, dont les ***degrés de protection*** sont indiqués par les codes IP et IK.

Code IP : Indice de protection

Degré de protection, selon la norme NF EN 60529 (C20-010), de l'enveloppe contre l'accès aux parties dangereuses protégeant le personnel, la pénétration de corps solides étrangers et ou la pénétration de l'eau protégeant le matériel lorsque la tension est inférieure à 72,5 kV.

Le code IP comprend deux chiffres et deux lettres additionnelles non obligatoires : leurs significations sont données dans le tableau 7.2.

Tableau 7.2. Signification du code IP

	1er chiffre IP		2e chiffre IP
	Protection du matériel contre la pénétration de corps solides étrangers	**Protection des personnes contre l'accès aux parties dangereuses avec :**	**Contre la pénétration de l'eau avec effets nuisibles**
0	non protégé	non protégé	non protégé
1	de diamètre ≥ 50 mm	dos de la main	gouttes d'eau verticales
2	de diamètre ≥ 12,5 mm	doigt	gouttes d'eau à 15° d'inclinaison
3	de diamètre ≥ 2,5 mm	outil	pluie
4	de diamètre ≥ 1 mm	fil	projection d'eau
5	protégé contre la poussière	fil	projection à la lance
6	étanche à la poussière	fil	projection puissante à la lance
7			immersion temporaire
8			immersion prolongée
X	Omission		omission

Exemples d'écriture :	**Lettre additionnelle (option) contre l'accès aux parties dangereuses avec :**		**Lettre supplémentaire (option) spécifique à :**	
IP65	A	dos de la main	H	matériel à haute tension
IP5X IPX4	B	doigt	M	mouvement pendant l'essai à l'eau
IP14B IP22S	C	outil	S	stationnaire pendant l'essai à l'eau
IP21CM	D	fil	W	intempéries

EXEMPLE
Un instrument IP33D est protégé des corps solides supérieurs à 2,5 mm et d'un outil, de la pluie, et, protège également le personnel de l'accès par un fil.

Protection mécanique internationale : code IK

Degré de protection, selon la norme NF EN 50102 (C20-015), de l'enveloppe contre les impacts mécaniques nuisibles. Le code IK comprend deux chiffres correspondants à l'énergie d'impact *E* en Joule (tableau 7.3).

Tableau 7.3. Signification du code IK

IK	IK00	IK01	IK02	IK03	IK04	IK05	IK06	IK07	IK08	IK09	IK10
E (J)	0	0,15	0,2	0,35	0,5	0,7	1	2	5	10	20

EXEMPLE
Un instrument IK06 résiste à une énergie d'impact de 1 J, correspondant à une masse de 0,5 kg chutant d'une hauteur de 0,2 m (selon la norme).

4. Atmosphères explosibles ATEX

Atmosphère explosible ATEX

Atmosphère susceptible de devenir explosive par suite des conditions locales et opérationnelles. ***ATEX*** : contraction de ***AT***mosphère et de ***EX****plosible*.

Atmosphère explosible dangereuse

Atmosphère explosive présente en quantités susceptibles de présenter un risque pour la santé et la sécurité des travailleurs ou d'autres personnes. Une atmosphère explosive de plus de dix litres présente en quantité constante dans des locaux fermés est considérée comme dangereuse, indépendamment des dimensions du local.

Atmosphère explosive

Mélange d'air, dans les conditions atmosphériques, de substances inflammables sous forme de gaz, vapeurs, brouillards ou poussières, dans lequel, après inflammation, la combustion se propage à l'ensemble du mélange brûlé (Code du travail, art. R232-12-24).

Explosion

Réaction brusque d'oxydation ou de décomposition entraînant une élévation de température, de pression ou les deux simultanément.

Le risque « poussières » est très difficile à apprécier car il n'existe pas d'analyseurs prévenant du niveau de dangerosité comme pour le gaz. Sous certaines conditions de pression et de température ; quelques cm^3 de farine en suspension dans 1 m^3 peuvent suffire pour avoir un risque d'explosion.
Un appareil IP6x présentera un niveau suffisant d'étanchéité à la poussière.

Directives ATEX

Depuis le 1er juillet 2006, les directives 1999/92/CE, dite ATEX118a, et 1994/9/CE, dite ATEX100a, sont d'application obligatoire sur l'ensemble de la communauté européenne. La directive ATEX118a définit les prescriptions minimales visant à améliorer la protection en matière de sécurité et de santé des travailleurs susceptibles d'être exposés au risque d'atmosphères explosibles. La directive ATEX100a définit la conception et la construction du matériel utilisable en atmosphère explosible.

Pour satisfaire ces exigences, l'employeur est tenu d'évaluer s'il existe des risques d'explosion d'une ATEX, en tenant compte :

- de la probabilité de formation d'ATEX ;
- de la probabilité d'inflammation de ces ATEX, y compris par des décharges électrostatiques ;
- de classer en zones les emplacements à risques où des ATEX peuvent se former (tableau 7.4) ;
- d'installer dans ces zones des matériels électriques et non électriques conformes à la directive ATEX 1994/9/CE (tableau 7.4) ;
- de prendre des mesures organisationnelles telles que la formation et l'information du personnel appelé à travailler dans les zones à risque.

Tableau 7.4. Classification des zones des atmosphères explosibles (directives 1999/92/CE) et catégories d'appareils (directive ATEX 1994/9/CE)

Zone		Niveau du risque	Appareils utilisables
Gaz	Poussières		
Zone 0	Zone 20	Emplacement où une ATEX est présente en permanence, pendant de longues périodes ou fréquemment	Catégorie 1
Zone 1	Zone 21	Emplacement où une ATEX est susceptible de se présenter occasionnellement en fonctionnement normal	Catégorie 1 ou 2
Zone 2	Zone 22	Emplacement où une ATEX n'est pas susceptible de se présenter en fonctionnement normal, ou, si elle se présente néanmoins, n'est que de courte durée	Catégorie 1, 2 ou 3

Marquage spécifique des appareils électriques en zone ATEX

D'après la directive 1994/9/CE, les appareils ATEX doivent comporter des informations obligatoires et d'autres optionnelles (marquage supplémentaire). Le marquage doit comporter : la mention Ex, le groupe de l'appareil, la catégorie de l'appareil et pour les groupes II, la lettre G ou D selon l'utilisation dans les gaz ou/et dans les poussières (tableau 7.5).

EXEMPLES DE MARQUAGE

Ex I M2 ; Ex IIB 2 G ; Ex IIB 2 D ia T4 ; Ex II 1 G T6.

Conformément aux exigences de la directive 1994/9/CE, la norme de la série EN 50014 prévoit un marquage supplémentaire comprenant : le symbole Ex, une lettre désignant la protection utilisée, la classification du groupe pour les lettres d, i ou q, et le symbole indiquant la classe de température ou la température maximale de surface (tableaux 7.6 et 7.7).

La température maximale de surface d'un appareil ATEX est la température la plus élevée atteinte en service dans les conditions les plus défavorables ; elle doit toujours être inférieure à la température d'inflammation de l'atmosphère explosive concernée.

EXEMPLE
Le point d'inflammation du butane étant de 287 °C ; la classe de température doit être T3, T4, T5 ou T6 mais ni T1, ni T2.

Tableau 7.5. Code de marquage des appareils électriques ATEX

Groupe	Catégorie d'appareils	Marquage (D : Dust poussières)	Symbole Ex : $\mathcal{E}x$ Marquage supplémentaire Groupes d'appareils en fonction du type de gaz explosible	
I (mines)	M1	Ex I M1		
I (mines)	M2	Ex I M2		
II (surface)	1 G (zone 0) 1 D (zone 20)	Ex II 1 G Ex II 1 D	IIA	Essence, hydracétal, méthane, propane…
II (surface)	2 G (zone 2) 2 D (zone 22)	Ex II 2 G Ex II 2 D	IIB	Butadiène, cyclopropane, éther, éthylène, diéthylénique…
II (surface)	3 G (zone 2) 3 D (zone 22)	Ex II 3 G Ex II 3 D	IIC	Acétylène, éthane, hydrogène, sulfure de carbone…

Tableau 7.6. Marquage supplémentaire des appareils électriques ATEX

Lettre	Normes	Mode de protection	Principe
d	EN50018	Enveloppe antidéflagrante	Contact avec l'atmosphère explosible et possibilité d'explosion, mais celle-ci restant confinée dans le coffret de protection, très robuste
o	EN50015	Immersion dans l'huile	
q	EN50017	Remplissage pulvérulent	Possibilité d'étincelle interne mais impossibilité de la transmettre à l'atmosphère explosible
m	EN50028	Encapsulage	
p	EN50016	Surpression interne	Possibilité d'étincelle interne mais impossibilité que l'atmosphère explosible pénètre dans le boîtier
e	EN50019	Sécurité augmentée	Enveloppe hermétique. Pas de possibilité d'étincelle à l'intérieur, ni de températures excessives
ia – ib *	EN50020	Sécurité intrinsèque	Enveloppe non hermétique. Pas de possibilité d'étincelle à l'intérieur, ni de températures excessives

* ia : la sécurité est assurée même avec deux défauts –ib : la sécurité est conservée même avec un défaut

Tableau 7.7. Classe de température ou température maximale de surface

T1	T2	T3	T4	T5	T6
450 °C	300 °C	200 °C	135 °C	100 °C	85 °C

Il existe de nombreux systèmes de refroidissement ou de réchauffage pour amener la température ambiante de l'enveloppe extérieure du transmetteur à des limites acceptables, mais cela ne supprime pas le risque en zone ATEX.

5. Compatibilité électromagnétique

Compatibilité électromagnétique CEM et CEE

C'est l'aptitude d'un appareil électrique à fonctionner de façon satisfaisante dans un environnement électromagnétique.

Un appareil, avec ses câbles d'alimentation et de signaux, doit être immunisé au mieux à un environnement électromagnétique et ne doit pas générer de perturbations électromagnétiques nocives à son environnement.

Normes CEM et CEE

La directive européenne CEM 89/336/CEE exige que tout produit électrotechnique soit soumis à des essais de résistance au brouillage et d'émissions parasites. Lorsque l'appareil testé respecte les critères stipulés par les normes, il obtient le marquage CE (Communauté Européenne) attestant de sa conformité CEM avec ces normes.

- les normes fondamentales décrivent les méthodes de mesure et de test de la compatibilité électromagnétique au point de vue immunité (normes CEI 1000) ;
- les normes génériques se rapportent à un environnement particulier (résidentiel, commercial et industrie légère ou industriel) et fixent les spécifications de ces essais concernant l'émission et l'immunité et distinguent des niveaux d'aptitude électromagnétique dans une zone entre 0 et 400 GHz ;
- les normes de familles de produit décrivent les limites à respecter pour l'immunité comme pour l'émission à chaque catégorie d'appareils. Par exemple, la norme NF NE 61131 est relative aux automates programmables.

Exercice 1 Choix et décodage IP/ATEX

Répondre si les indices IP proposés sont suffisants selon les cas.

1. Un capteur doit être installé à l'extérieur d'un bâtiment et il doit protéger électriquement le personnel de l'introduction d'un doigt. IP23 ? IP32 ?
2. On doit nettoyer à l'eau savonneuse par lance un débitmètre d'un dépôt quotidien formé de particules solides d'un diamètre moyen de 0,5 mm. IP65 ? IP56 ?
3. Sonde plongeante de niveau placée à 45 m au fond d'un puits d'eau (*cf.* fiche 11). IP6x ? IP8x ?
4. Un capteur mesure un niveau de céréales dans un silo. Les poussières formées ont un diamètre moyen de 50 μm. La température d'auto-inflammation du nuage est de 520 °C, celle d'une couche de 5 mm est de 300 °C. Donner le code IP nécessaire et le code de protection ATEX satisfaisant à la directive 1994/9/CE.
5. Que signifie le marquage Ex II B 1 D ia T5 ? L'appareil ainsi marqué peut-il convenir dans une zone 1 contenant de grandes quantités de gaz d'éther dont le point d'inflammation est de 160 °C ?

Solution

1. IP23 : oui ; IP32 : non. **2.** IP65 : non ; IP56 : oui. **3.** IP6x : non ; IP8x : oui. **4.** IP6x et Ex II 1 D ia T3. **5.** Protection ATEX en groupe de surface (autre que mines), gaz explosible de famille B, catégorie d'appareils en zone 1 (D : poussières), sécurité intrinsèque a, et classe de température 100 °C. **5.** Oui, il est surclassé pour la zone 2 et T5 $<$ 160 °C.

Fiche 8 Résistances thermoélectriques ou RTD

Le sigle RTD est l'abréviation de *Resistance Temperature Detector* et s'applique à tout capteur de température par variation de résistance ohmique. Le terme RTD correspond à une résistance thermoélectrique, celui de PTRD précise qu'elle est en platine.

1. Les différents RTD

Principe

La température d'un conducteur électrique est liée à sa ***résistance ohmique*** par une fonction généralement non linéaire et dépendant du matériau employé.

Les capteurs de températures RTD les plus connus sont les thermistances et les résistances thermoélectriques métalliques.

Les thermistances

Les thermistances sont des composants semi-conducteurs constitués d'un aggloméré de poudres d'oxydes métalliques. Leur forte sensibilité thermique limite leur emploi à une étendue de mesure de l'ordre de 50 °C dans une gamme comprise entre – 100 °C et 250 °C. Les thermistances permettent des mesures ponctuelles de température, et possèdent un temps de réponse qui peut avoisiner l'ordre du centième de seconde. En revanche, elles résistent mal aux vibrations et aux chocs, et leur tolérance d'interchangeabilité est entre ± 1 % et ± 10 %. Les caractéristiques des thermistances ne sont pas adaptées aux mesures de température des procédés industriels.

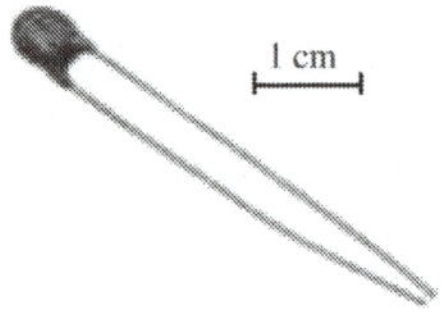

Figure 8 1 Thermistance Transistek

Une application courante des thermistances est la compensation de la température de soudure froide des thermocouples (*cf.* fiche 9).

Les résistances thermoélectriques métalliques

Dans les mesures de température de procédés industriels, les résistances thermoélectriques métalliques sont réalisées en cuivre, en nickel ou en platine.

–50 °C	RTD cuivre	180 °C
–60 °C	RTD nickel	210 °C
- 200 °C	RTD platine	650 °C

Températures d'utilisation des RTD métalliques

Les éléments en platine destinés aux applications industrielles sont d'une pureté à 99,99 % et possèdent une très bonne inertie chimique ; ce qui garantit à la fois une bonne stabilité de leurs propriétés thermoélectriques et une excellente précision. Le platine a une résistivité six fois plus grande que celle du cuivre et un coefficient de température satisfaisant bien que non linéaire.
Les résistances thermoélectriques en cuivre et en nickel sont de plus en plus délaissées au profit des sondes en platine, plus fiables, plus précises et possédant une plus grande étendue de mesure. Les sondes en platine sont utilisables de – 200 °C à 650 °C avec une incursion possible en usage intermittent jusqu'à 850 °C. La fabrication en plus grande série des sondes en platine conduit à une diminution de leur coût, principal inconvénient par rapport aux autres sondes en cuivre et en nickel.

2. Sonde à résistance de platine

Relation

Selon la norme CEI 751, la relation de la résistance de platine *R (T)* avec la température *T*, qui permet de définir sa température à moins de 0,1 °C, est :
Pour une plage de – 200 °C à 0 °C :

$$\frac{R(T)}{R(0°C)} = 1 + A \cdot T + B \cdot T^2 + C \cdot (T - 100) \cdot T^3$$

Pour une plage de 0 °C à 850 °C :

$$\frac{R(T)}{R(0°C)} = 1 + A \cdot T + B \cdot T^2$$

La valeur de la résistance normalisée Pt100 est 100 Ω à 0 °C, soit R (0 °C) = 100 Ω.

Les coefficients A, B et C sont déterminés par l'étalonnage.

Pour les sondes industrielles, la valeur des coefficients est :

$A = 3{,}90802 \times 10^{-3}\ °C^{-1}$; $B = -5{,}80195 \times 10^{-7}\ °C^{-2}$;

$C = -4{,}27350 \times 10^{-12}\ °C^{-4}$

Le tableau 8.1 donne la correspondance entre température et résistance pour des sondes industrielles telles que : R (0 °C) = 100,00 Ω et R (100 °C) = 138,51 Ω.

Coefficient de température

Le coefficient de température ou intervalle fondamental α définit la valeur moyenne de la variation de la résistance entre 0 °C et 100 °C :

$$\alpha = \frac{R(100°C) - R(0°C)}{100 \cdot R(0°C)}$$

L'intervalle fondamental, selon la norme européenne, est $\alpha = 0{,}00385055\ °C^{-1}$.
La norme américaine utilise une autre valeur : $\alpha = 0{,}003916\ °C^{-1}$.

Résistance nominale

La ***résistance nominale*** est la valeur de la résistance à 100 °C, soit pour une sonde Pt100 : R (100 °C) = 138,51 Ω. D'autres valeurs de résistance nominale sont proposées, plus rares : 10 Ω, 25 Ω, 500 Ω et 1000 Ω. Leur appellation respective est Pt10, Pt25, Pt500 et Pt1000. Les valeurs élevées permettent de conserver une bonne sensibilité et trouvent leur application aux très basses températures.

Tableau 8.1. Relation température-résistance d'une sonde Pt100. Échelle Internationale de Température 1990 (EIT 90)

°C	0	5	10	15	20	25	30	35	40	45	50	°C
–200	18,52											–200
–150	39,72	37,64	35,54	33,44	31,34	29,22	27,10	24,97	22,83	20,68	18,52	–150
–100	60,26	58,23	56,19	54,15	52,11	50,06	48,00	45,94	43,88	41,80	39,72	–100
–50	80,31	78,32	76,33	74,33	72,33	70,33	68,33	66,31	64,30	62,28	60,26	–50
–0	100,00	98,04	96,09	94,12	92,16	90,19	88,22	86,25	84,27	82,29	80,31	–0

0	100,00	101,95	103,90	105,85	107,79	109,73	111,67	113,61	115,54	117,47	119,40	**0**
50	119,40	121,32	123,24	125,16	127,08	128,99	130,90	132,80	134,71	136,61	138,51	**50**
100	138,51	140,40	142,29	144,18	146,07	147,95	149,83	151,71	153,58	155,46	157,33	**100**
150	157,33	159,19	161,05	162,91	164,77	166,63	168,48	170,33	172,17	174,02	175,86	**150**
200	175,86	177,69	179,53	181,36	183,19	185,01	186,84	188,66	190,47	192,29	194,10	**200**
250	194,10	195,91	197,71	199,51	201,31	203,11	204,90	206,70	208,48	210,27	212,05	**250**
300	212,05	213,83	215,61	217,38	219,15	220,92	222,68	224,45	226,21	227,96	229,72	**300**
350	229,72	231,47	233,21	234,96	236,70	238,44	240,18	241,91	243,64	245,37	247,09	**350**
400	247,09	248,81	250,53	252,25	253,96	255,67	257,38	259,08	260,78	262,48	264,18	**400**
450	264,18	265,87	267,56	269,25	270,93	272,61	274,29	275,97	277,64	279,31	280,98	**450**
500	280,98	282,64	284,30	285,96	287,62	289,27	290,92	292,56	294,21	295,85	297,49	**500**
550	297,49	299,12	300,75	302,38	304,01	305,63	307,25	308,87	310,49	312,10	313,71	**550**
600	313,71	315,31	316,92	318,52	320,12	321,71	323,30	324,89	326,48	328,06	329,64	**600**
650	329,64	331,22	332,79	334,36	335,93	337,50	339,06	340,62	342,18	343,73	345,28	**650**
700	345,28	346,83	348,38	349,92	351,46	353,00	354,53	356,06	357,59	359,12	360,64	**700**
750	360,64	362,16	363,67	365,19	366,70	368,21	369,71	371,21	372,71	374,21	375,70	**750**
800	375,70	377,19	378,68	380,17	381,65	383,13	384,60	386,08	387,55	389,02	390,48	**800**
850	390,48											**850**

EXEMPLE : VALEUR OHMIQUE D'UNE SONDE PT100

Le tableau 8.1 permet de lire pour $T = 335$ °C ; R (335 °C) = 224,45 Ω
et pour $T = -20$ °C ; R (– 20 °C) = 92,16 Ω.
Lorsque la valeur n'est pas dans ce tableau, on fait un calcul d'interpolation :
Pour $\boldsymbol{T} = 412$ °C, on pose la relation :

$$R\,(412\,°\mathrm{C}) = R\,(410\,°\mathrm{C}) + \frac{412\,°\mathrm{C} - 410\,°\mathrm{C}}{415\,°\mathrm{C} - 410\,°\mathrm{C}}\left(R(415\,°\mathrm{C}) - R(410\,°\mathrm{C})\right)$$

On obtient R (412 °C) = 251,218 Ω. Pour information, la valeur calculée avec la relation normalisée est R (412 °C) = 251,219 Ω.

Classe de précision

La norme NF EN 60751 indique les tolérances d'interchangeabilité des résistances thermoélectriques de platine Pt100, à coefficient $\alpha = 0{,}00385055$ °C^{-1}, pour deux classes de précision A et B. Les relations des tolérances en température sont linéaires, celles des tolérances en résistance ohmique ne le sont pas.

Tolérance des sondes Pt100				
Température	Classe A		Classe B	
(°C)	± °C	± Ω	± °C	± Ω
– 200	0,55	0,24	1,3	0,56
– 100	0,35	0,14	0,8	0,32
0	**0,15**	**0,06**	**0,3**	**0,12**
100	0,35	0,13	0,8	0,3
200	0,55	0,20	1,3	0,48
300	0,75	0,27	1,8	0,64
400	0,95	0,33	2,3	0,79
500	1,15	0,38	2,8	0,93
600	1,35	0,43	3,3	1,06
650	**1,45**	**0,46**	3,6	1,13
700			3,8	0,17
800			4,3	1,28
850			**4,6**	**1,34**

EXEMPLE : VÉRIFICATION D'UNE SONDE PT100

Une sonde Pt100 à vérifier est soumise à $T = 300$ °C. On mesure la valeur de sa résistance : R (*300* °C) = 211,71 Ω.

La valeur théorique est R (300 °C) = 212,05Ω.

Cas d'une sonde Pt100 classe A : la tolérance est ± 0,27 Ω à 300 °C. On constate que la valeur mesurée 211,71 Ω n'est pas dans l'intervalle [212,05 Ω – 0,27 Ω : 212,05 Ω + 0,27 Ω] : la sonde n'est pas conforme.

Cas d'une sonde Pt100 classe B : la tolérance est ± 0,64 Ω à 300 °C. On constate que la valeur mesurée 211,71 Ω est dans l'intervalle [212,05 Ω – 0,64 Ω : 212,05 Ω + 0,64 Ω] : la sonde est donc conforme.

3. Constitution technique

Le diamètre de l'élément sensible est de l'ordre de quelques dizaines de micromètres et la longueur de fil d'environ une dizaine de centimètres. Après bobinage autour d'un mandrin en verre (– 200 à 350 °C) ou en céramique (– 200 à 650 °C) la longueur de la sonde est de l'ordre de quelques centimètres (figure 8.2).

L'élément en platine est placé par compactage minéral dans une gaine de protection cylindrique métallique, déformable ou rigide appelée canne thermométrique (figure 8.2). La nature de l'acier de cette protection détermine la température maximale d'utilisation.

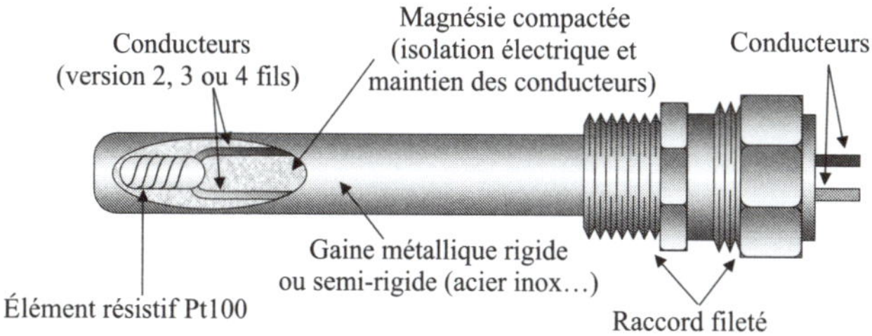

Figure 8.2 Canne thermométrique Pt100

Les techniques actuelles de fabrication sous vide des semiconducteurs permettent d'obtenir des sondes à couche mince par dépôt du platine sur un substrat (figure 8.3). Ces sondes à couche mince ont un meilleur temps de réponse thermique, une insensibilité aux vibrations et un coût moindre que les sondes à enroulement.

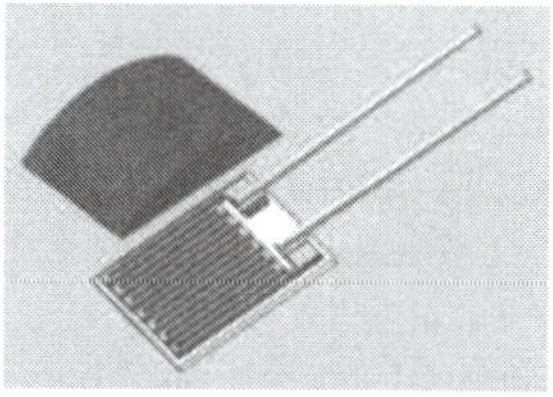

Figure 8.3 Sonde plate en platine à couche mince. OMEGA

4. Câblage des sondes

Importance du câblage

La sonde Pt100 est connectée à l'instrument de mesure (transmetteur, régulateur ou automate) par des fils dont la résistance ohmique influence la valeur de la mesure de température. Pour ne pas générer une erreur de mesure inacceptable, la résistance ohmique du câblage doit être inférieure à la valeur de la tolérance de la sonde Pt100 utilisée. La connaissance de ce problème de câblage permet de choisir parmi les sondes disponibles : à deux, trois ou quatre fils de raccordement.

Sonde Pt100 à 2 fils

Dans le cas le plus simple d'une sonde à deux fils, il est impossible de distinguer les résistances parasites dues au raccordement avec la résistance de la sonde, et la précision de la chaîne de mesurage est dégradée. Pour maintenir une précision satisfaisante, lorsque la longueur de câblage est importante, la solution consiste à mettre le transmetteur dans la tête de raccordement de la sonde.

EXEMPLE

Une distance de 25 m, entre une sonde Pt100 classe B et un transmetteur, nécessite une longueur de 50 m de fils de cuivre. La résistance ohmique totale de ces fils est de 2 Ω, et correspond à une erreur d'environ 5 °C. Pour une mesure de 200 °C l'erreur relative due au câblage est de 2,5 %, bien supérieure à la tolérance de 1,3 °C soit 0,65 %.

Sonde Pt100 à 3 fils

La résistance créée entre les conducteurs 1 et 2, est soustraite, par le circuit électronique de l'appareil, de la valeur ohmique obtenue entre les conducteurs 1 et 3. La résistance des fils de raccordement est limitée, mais la résistance des contacts de connexion n'est pas supprimée.

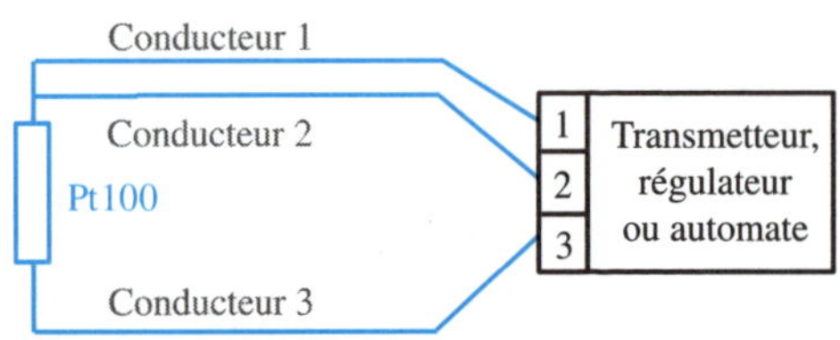

Figure 8.4 Câblage d'une sonde Pt100 à 3 fils

Une longueur de câblage de l'ordre de 100 m n'influence pas la précision de la chaîne de mesurage qui reste pratiquement celle de la précision intrinsèque de la sonde Pt100.

Le besoin d'une meilleure précision dans les mesures industrielles de température incite de plus en plus les fabricants à proposer des sondes Pt100 à 3 fils en version standard.

Sonde Pt100 à 4 fils

La résistance des fils de raccordement et la résistance des contacts de connexion n'interviennent plus dans la mesure ; c'est une sonde réservée à l'étalonnage. Les sondes Pt100 à 4 fils ont une précision intrinsèque dix fois supérieure aux autres sondes Pt100.

Attention : les automates et les régulateurs n'ont pas toujours d'entrées « Pt100 à 4 fils ».

5. Critères de choix d'une sonde Pt100

Les ***critères de choix*** d'une sonde Pt100 sont nombreux, aussi la démarche est d'établir toutes les spécificités utiles à la prise de mesure envisagée, puis de comparer avec les propriétés intrinsèques des sondes Pt100.

Pour une température inférieure à 650 °C, la solution à envisager est une sonde Pt100.

Propriétés générales

- Le domaine de température est compris entre – 200 °C et 650 °C (incursion possible en usage intermittent jusqu'à 850 °C).
- La précision, excellente, est à 100 °C : ± 0,35 °C (classe A) et ± 0,80 °C (classe B), et la stabilité à long terme est également excellente.
- Le temps de réponse dépend du diamètre de sonde et du milieu de mesure (liquide ou gaz) : il peut être exceptionnellement de 0,3 s pour une sonde miniature, mais le temps de réponse courant à 95 % est de plusieurs secondes.

EXEMPLE DE TEMPS DE RÉPONSE À 95 % DANS L'EAU
T_r *95 %* = 0,3 s pour un diamètre de 0,5 mm non chemisé, et T_r 95 % = 15 s pour un diamètre de 3 mm d'une sonde chemisée.

- Les diamètres de sonde vont de 0,5 mm en chemise rigide à environ 25 mm pour des cannes pyrométriques. Les diamètres les plus courants sont entre 3 et 6 mm.
- Mesures ponctuelle et de surface non adaptées.
- Coût environ deux fois celui d'un thermocouple courant (*cf.* fiche 9), mais les conducteurs, en double ou triple fils, de raccordement sont en cuivre et donc moins coûteux que des conducteurs spécifiques.
- Câblage simple à réaliser puisque sans contrainte de température au point de connexion.

Exercice 1 Savoir et bon sens

1. Donner la valeur de la résistance d'une sonde Pt 25 à une température de 273 K.
2. On plonge une sonde Pt1000 dans un fluide à – 30 °C. Après stabilisation, on relève $R = 998\ \Omega$. Pourquoi est-on sûr que la sonde est fausse ?
3. Pour une Pt100, on mesure R (200 °C) = 175,86 Ω. Pourquoi R (400 °C) ne vaut-elle pas 351,72 Ω (soit 2 × 175,86 Ω) ?
4. Donner la valeur de la résistance à 100 °C d'une sonde Pt100 dont l'intervalle fondamental est $\alpha = 39{,}2.10^{-4}\ °C^{-1}$.
5. Toutes les sondes Pt100 peuvent-elles mesurer des températures comprises entre – 200 °C à 850 °C ?
6. On souhaite mesurer à ± 0,5 % une température de 630 °C dans un four de brassage. Peut-on le faire avec une sonde Pt100 ?

Solution

1. À $T = 273$ K = 0 °C, on a la valeur nominale de la sonde Pt25 soit : $R = 25\ \Omega$.
2. La valeur mesurée de cette sonde Pt1000 devrait être bien inférieure à 1 000 Ω.
3. La relation d'une Pt100 n'est pas linéaire.
4. La définition donne : R (100 °C) = 139,2 Ω.
5. Oui, mais seulement si leurs gaines de protection sont prévues pour cette étendue. Au-dessus de 650 °C, seule la classe B de précision est définie.
6. Oui, car la tolérance d'une sonde Pt100 de classe A est de ± 1,45 °C, inférieure à la tolérance désirée de ± 3,15 °C. Attention à l'influence du gradient de température ambiante sur les résistances du câblage : une sonde à 3 fils est conseillée.

Thermocouples

Fiche 9

1. Principe d'un thermocouple

Un ***thermocouple*** est un circuit électrique fermé, constitué par deux métaux différents A et B, dont les jonctions sont soumises à un gradient de température. La conversion d'énergie thermique crée un déplacement d'électrons et génère une force électromotrice (f.é.m.) de Seebeck, qui dépend de la nature des deux métaux et de la différence des températures au niveau des jonctions (figure 9.1).

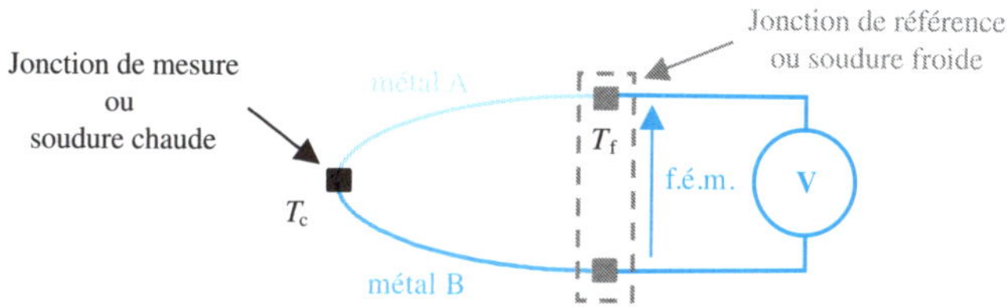

Figure 9.1 Constitution d'un circuit thermoélectrique ou thermocouple

Dans la désignation d'un thermocouple A/B, le métal A est le conducteur positif et le métal B le négatif. La jonction de mesure est soumise à la température T_c à mesurer, et la jonction de référence, reliant les bornes de l'instrument de mesure, est à une température T_f connue.

La f.é.m. de Seebeck, notée $E_{A/B}^{T_c,T_f}$, est positive lorsque la température T_c est supérieure à la température T_f.

Elle est négative dans le cas inverse, et nulle si les températures T_c et T_f sont égales.

En fonction des métaux A et B employés, la f.é.m. varie de 5 à 70 µV par °C de différence entre les deux températures T_c et T_f des jonctions.

2. Principes pratiques généraux

Loi des températures successives

Cette loi permet de déterminer la température T_c de la jonction de mesure à partir de la f.é.m. mesurée à la jonction de référence lorsque la température T_f est différente de 0 °C pour un thermocouple A/B.

On a :

$$E_{A/B}^{T_c,0^\circ C} = E_{A/B}^{T_c,T_f} + E_{A/B}^{T_f,0^\circ C}$$

f.é.m. à lire dans la table de référence pour déduire T_c (pour $E_{A/B}^{T_c,0^\circ C}$)

f.é.m. mesurée à la jonction de référence (pour $E_{A/B}^{T_c,T_f}$)

f.é.m. à lire dans la table de référence (pour $E_{A/B}^{T_f,0^\circ C}$)

> **EXEMPLE**
> Pour connaître la température T_c, on relève $T_f = 30$ °C, et la tension à la jonction de référence du thermocouple (type K) :
> $E_K^{T_c,30^\circ C} = 18\,589$ µV.
> La table de référence (tableau 9.1.) indique pour $T = 30$ °C :
> $E_K^{30^\circ C,0^\circ C} = 1\,203$ µV.
> La loi des températures successives conduit à :
> $E_K^{T_c,30^\circ C} = 18589 = 1\,203 = 19\,719$ µV, correspondant à $T_c = 480$ °C.

Loi des conducteurs intermédiaires

La f.é.m. d'un couple thermoélectrique n'est pas modifiée si on intercale dans le circuit un ou plusieurs conducteurs intermédiaires, de nature différente, à la condition que les nouvelles jonctions de ces conducteurs soient maintenues à la même température deux à deux. La principale application de cette loi est exploitée au paragraphe 4.

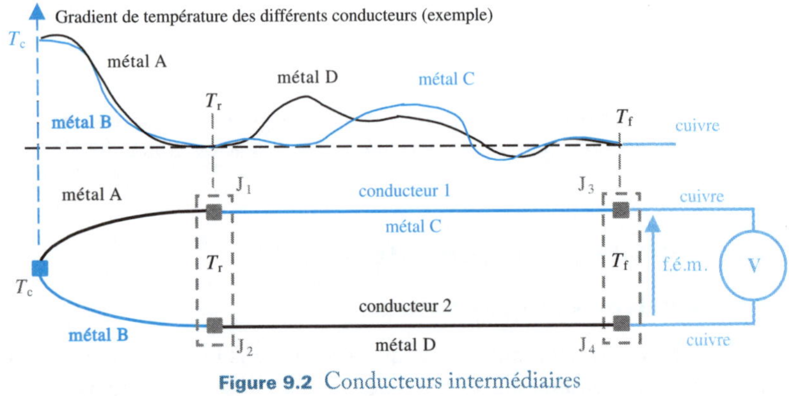

Figure 9.2 Conducteurs intermédiaires

EXEMPLE

Pour des températures constantes $T_c = 480$ °C et $T_f = 30$ °C, et pour un thermocouple type K, la f.é.m. est :

$E_K^{T_c,30\,°C} = 18\,589$ µV à condition que les jonctions $J_1 - J_2$ et $J_3 - J_4$ soient à la même température T_r, avec $T_r = T_f$, et ceci quelles que soient les variations de température le long de la chaîne de mesurage. Si l'une de ces conditions est fausse, alors $E_K^{T_c\,30\,°C} \neq 18589$ µV et la température indiquée n'est pas $T_c = 480$ °C.

Table de référence normalisée

La relation entre la température et la f.é.m. étant une fonction polynomiale complexe, c'est-à-dire non linéaire, il est d'usage d'utiliser des tables de conversion. Pour chaque type de thermocouple, le report de la f.é.m. lue à la jonction de référence dans une ***table de référence normalisée*** (norme CEI 584.1) permet d'obtenir la valeur de la température de la soudure chaude. Il existe huit types de thermocouple normalise codifies par une lettre : K, J, T, N, E, S, R, et B. Le tableau 9.1 donne la correspondance entre la température T_c (par pas de 10 °C) et $E_K^{T_c,0\,°C}$ pour le thermocouple type K.

Tableau 9.1. Table de référence basée sur l'Échelle Internationale de Température 1990 (EIT 90) pour thermocouple Nickel-Chrome/Nickel-Aluminium (type K) F.é.m. en microvolts, jonction de référence à 0 °C

°C	0	10	20	30	40	50	60	70	80	90	100
–200	–5 891	–6 035	–6 158	–6 262	–6 344	–6 404	–6 441	–6 458			
–100	–3 554	–3 852	–4 138	–4 411	–4 669	–4 913	–5 141	–5 354	–5 550	–5 730	–5 891
–0	0	–392	–778	–1 156	–1 527	–1 889	–2 243	–2 587	–2 920	–3 243	–3 554
0	0	397	798	1 203	1 612	2 023	2 436	2 851	3 267	3 682	4 096
100	4 096	4 509	4 920	5 328	5 735	6 138	6 540	6 941	7 340	7 739	8 138
200	8 138	8 539	8 940	9 343	9 747	10 153	10 561	10 971	11 382	11 795	12 209
300	12 209	12 624	13 040	13 457	13 874	14 293	14 713	15 133	15 554	15 975	16 397
400	16 397	16 820	17 243	17 667	18 091	18 516	18 941	19 366	19 792	20 218	20 644
500	20 644	21 071	21 497	21 924	22 350	22 776	23 203	23 629	24 055	24 880	24 905
600	24 905	25 330	25 755	26 179	26 602	27 025	27 447	27 869	28 289	28 710	29 129
700	29 129	29 548	29 965	30 382	30 798	31 213	31 628	32 041	32 453	32 865	33 275

°C	0	10	20	30	40	50	60	70	80	90	100
800	33 275	33 685	34 093	34 501	34 908	35 313	35 718	36 121	36 524	36 925	37 326
900	37 326	37 725	38 124	38 522	38 918	39 314	39 708	40 101	40 494	40 885	41 276
1 000	41 276	41 665	42 053	42 440	42 826	43 211	43 595	43 978	44 359	44 740	45 119
1 100	45 119	45 497	45 873	46 249	46 623	46 995	47 367	47 737	48 105	48 473	48 838
1 200	48 838	49 202	49 565	49 962	50 286	50 644	51 000	51 355	51 708	52 060	52 410
1 300	52 410	52 759	53 106	53 451	53 795	54 138	55 479	54 819			

3. Compensation de soudure froide

La connaissance de la température de la soudure froide est indispensable pour déterminer la température de la soudure chaude. Deux cas pratiques se présentent.

Température de soudure froide constante à 0 °C

Lorsque la soudure froide est à 0 °C, la mesure de la f.é.m. permet de connaître directement la température de la soudure chaude à l'aide des tables de référence. Dans ce cas idéal, les conducteurs de la soudure froide doivent être insérés dans un milieu thermostaté à 0 °C avec une précision meilleure que celle du thermocouple. À utiliser uniquement pour un étalonnage en laboratoire.

Température de soudure froide variable

Industriellement, c'est un circuit électronique qui mesure automatiquement la température de la soudure froide, à partir d'une thermistance (*cf.* fiche 8) placée près de la jonction de référence, et ajoute la f.é.m. correspondante $E_{A/B}^{T_f,0\,°C}$ à la f.é.m. de mesure $E_{A/B}^{T_c,T_f}$ La tension exploitée est $E_{A/B}^{T_c,0\,°C}$et correspond à la température mesurée. Ce circuit est appelé circuit de ***Compensation de Soudure Froide***, souvent noté CSF, et intégré dans l'instrument de mesure (transmetteur, régulateur ou automate). La CSF doit être validée dans la configuration de cet instrument.

Le circuit de CSF mesure la température de soudure froide avec une incertitude négligeable dans le cas de variations de cette température inférieures à 50 °C.

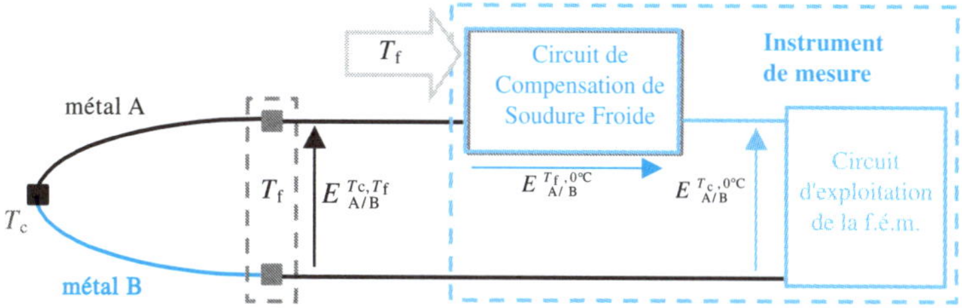

Figure 9.3 Compensation de soudure froide

4. Câbles d'extension ou de compensation

Industriellement, comme la distance est éloignée entre la jonction de mesure et la jonction de référence, on emploie soit des câbles d'extension soit des câbles de compensation. Leurs caractéristiques, telles que le domaine de température d'utilisation, la tolérance ou le repérage par couleurs, sont données par la norme NF C 42-324.

Câbles d'extension

Les ***câbles d'extension*** sont des fils de même nature que ceux du thermocouple et sont employés pour le relier jusqu'à la jonction de référence. C'est la meilleure solution au point de vue précision, mais la moins économique.

Câbles de compensation

Les ***câbles de compensation*** sont des fils de nature différente de ceux du thermocouple mais dont les propriétés thermoélectriques sont équivalentes dans un domaine restreint de température d'environ 100 °C à 200 °C entre T_r et T_f. C'est une solution économique, mais moins précise qu'avec l'emploi des câbles d'extension.

EXEMPLE

Pour un thermocouple Nickel-Chrome/Cuivre-Nickel (type E) relié avec des câbles d'extension la tolérance est de ± 1,5 °C, et, avec des câbles de compensation la tolérance est de ± 2,5 °C, dans les deux cas pour une variation de température de câble entre – 25 °C et 200 °C (temp. max.).

Pour un thermocouple Platine-10 % Rhodium/Platine (type S) relié avec des câbles de compensation, les tolérances sont de ± 2,5 °C pour une variation entre 0 °C et 100 °C (temp. max.), ou de ± 5 °C pour une variation entre 0 °C et 200 °C (temp. max.).

5. Protection d'un thermocouple

Lorsqu'ils ne sont pas protégés, les conducteurs utilisés ne doivent pas réagir chimiquement avec l'atmosphère environnante. Il existe trois possibilités :

- le ***thermocouple nu*** dont la soudure chaude est non isolée, chaque conducteur étant isolé électriquement par un revêtement en PVC, en Téflon ou en soie de verre ;
- le ***thermocouple chemisé*** est un ensemble constitué par les éléments du thermocouple insérés dans une poudre minérale comprimée isolante dans une gaine déformable en acier. Trois options sont possibles : à soudure isolée, à la masse ou à soudure exposée. Le choix se fait en tenant compte de l'atmosphère dans laquelle est placé l'ensemble et du temps de réponse désiré ;
- la ***canne pyrométrique*** comprend le thermocouple chemisé surmonté d'une tête de raccordement étanche protégeant le bornier de connexion et, en option, le transmetteur. Un raccord fileté est prévu pour fixer la canne sur le procédé (figure 9.4).

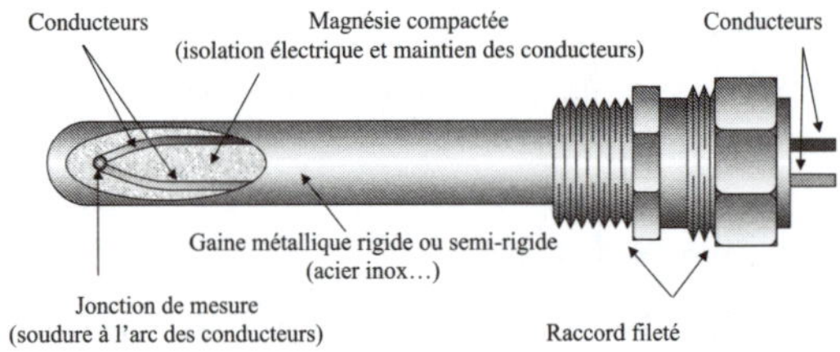

Figure 9.4 Canne pyrométrique à thermocouple

6. Critères de choix

Les ***critères de choix*** sont très nombreux, ainsi la démarche pour déterminer le bon thermocouple est de lister tous les besoins et en conséquence toutes les spécificités de la prise de mesure. La comparaison avec les propriétés de chaque type thermocouple permet alors de choisir le thermocouple adéquat.

Propriétés générales des thermocouples

- Le domaine de température est compris entre – 270 °C et 1 800 °C.
- La précision moyenne est de ± 2,5 °C.
- Le temps de réponse dépend du diamètre de sonde et du milieu de mesure (liquide, gaz, ou solide) allant d'environ 0,1 s pour les thermocouples miniatures à plusieurs minutes pour certaines cannes industrielles de 30 mm de diamètre.

EXEMPLE DE TEMPS DE RÉPONSE À 95 % DANS L'EAU
T_r 95 % = 1,5 s pour un diamètre de 3 mm avec une jonction isolée, et
T_r 95 % = 0,6 s pour un diamètre de 3 mm avec une jonction non isolée.

- Les diamètres de sonde vont de 0,25 mm en chemise souple pour thermocouple miniature à environ 26 mm pour des cannes pyrométriques. Les diamètres les plus courants sont entre 3 et 6 mm.
- Mesure ponctuelle et de surface possible par une taille réduite de la jonction d'extrémité (0,25 mm).
- Coût moindre que les sondes Pt100 (*cf.* fiche 8), mais les câbles spéciaux pour le raccordement (extension ou compensation) sont plus chers que le cuivre.

DURÉE DE VIE D'UN THERMOCOUPLE

Elle est diminuée par deux pour chaque tranche de 50 °C si la température est supérieure à 500 °C. Des cycles répétés entre 20 °C et 500 °C diminuent également de moitié la durée de vie. En revanche, elle est doublée, voire triplée, si on double le diamètre des conducteurs.

Propriétés spécifiques des thermocouples par type

Tableau 9.6. Spécificités des thermocouples normalisés. Métaux courants pour K, T, J, N et E. Métaux précieux pour R, S et B

Repérage couleur des conducteurs (norme internationale) : la gaine est de la couleur du plus et le moins est toujours le blanc.

Code	Conducteurs positif négatif	Température en °C (hors isolants)		Indications pour thermocouples nus (les performances peuvent évoluer pour certains matériaux de gaine)
		Usage continu	Usage intermittent	
K	Nickel-Chrome (+ vert) Nickel-Aluminium	0 à 1 100	– 180 à 1 300	Le plus utilisé dans l'industrie pour sa grande étendue de mesure et son prix très faible. Utilisable en milieu oxydant. Moins stable que les autres thermocouples. Progressivement remplacé par le type N.
T	Cuivre (+ marron) Cuivre-Nickel	– 185 à 300	– 250 à 400	Applications cryogéniques. Très utilisé en laboratoire. Très bonne tolérance (0,5 °C à ± 1,0 °C).

Code	Conducteurs positif négatif	Température en °C (hors isolants)		Indications pour thermocouples nus (les performances peuvent évoluer pour certains matériaux de gaine)
		Usage continu	Usage intermittent	
J	Fer (+ noir) Cuivre-Nickel	20 à 700	– 180 à 750	Très utilisé dans l'industrie plastique. Fragilisé à basse température. Utilisable en milieu réducteur. Condensation oxydant le fer à éviter.
N	Nickel-Chrome-Silicium (+ rose) Nickel-Silicium	0 à 1 150	– 270 à 1 300	Dernier né des thermocouples. Meilleure tenue à l'oxydation que le type K. Plus stable que les thermocouples K, T, J et E. Très bonne stabilité en milieu nucléaire. De 10 à 20 fois moins onéreux que les types S ou R pour les mêmes qualités jusqu'à 1 300 °C.
E	Nickel (+ violet) Cuivre-Nickel	0 à 800	– 40 à 900	F.é.m. la plus élevée des thermocouples. Utilisable en milieu oxydant ou inerte. Meilleure précision que le type E.
R	Platine Rhodié 13 % (+ orange) Platine	0 à 1 600	0 à 1 700	Plus stable et f.é.m. plus forte que le type S.
S	Platine Rhodié 10 % (+ orange) Platine	0 à 1 550	0 à 1 700	Tolérance très intéressante (1 °C de 0 °C à 1 100 °C en classe 1). Résistance élevée à l'oxydation et à la corrosion.
B	Platine Rhodié 30 % (+ gris) Platine Rhodié 6 %	100 à 1 600	0 à 1 800	À utiliser entre 600 et 1 600 °C, car en dessous la f.é.m. est très faible. D'ailleurs, si la température de référence est entre 0 et 50 °C, la CSF n'est pas nécessaire.

Exercice 1 Circuit de compensation de soudure froide

(extrait du sujet de BTS CIRA 2008)

La température en tête d'une colonne à distiller doit être maintenue constante à 138 °C. Cette mesure est réalisée par une sonde thermocouple de type T dont un extrait de table est donné. La température ambiante est de 12 °C. L'étendue de mesure du transmetteur est $EM = 145$ °C et le réglage du zéro est $Z = 5$ °C. Le signal de sortie du transmetteur est en courant normalisé 4 – 20 mA.

1. Le transmetteur ***ne possède pas*** de circuit de compensation de soudure froide.

1.1. Déterminer les f.é.m. d'étalonnage, c'est-à-dire les deux tensions permettant de régler le signal de sortie à 4 mA puis 20 mA.

1.2. Déterminer la relation entre le signal de mesure M (en mA) et la f.é.m. E (en mV) du thermocouple, en supposant linéaire la relation $M = f(E)$.

1.3. Déterminer la f.é.m. E (en mV) et la valeur du signal de mesure M (en mA) pour $O = 138$ °C.

2. Le transmetteur ***possède*** un circuit de compensation de soudure froide. Pour ce nouveau cas, reprendre les questions précédentes.

3. Conclure sur le rôle du circuit de compensation de soudure froide.

Extrait de la table de référence (EIT 90) pour thermocouple (type T) F.é.m. en mV et jonction de référence à 0 °C

°C	0	1	2	3	4	5	6	7	8	9	10
0	0,000	0,039	0,078	0,117	0,156	0,195	0,234	0,273	0,312	0,352	0,391
10	0,391	0,431	0,470	0,510	0,549	0,589	0,629	0,669	0,709	0,749	0,790
20	0,790	0,830	0,870	0,911	0,951	0,992	1,033	1,074	1,114	1,155	1,196
130	5,714	5,763	5,812	5,861	5,910	5,959	6,008	6,057	6,107	6,156	6,206
140	6,206	6,255	6,305	6,355	6,404	6,454	6,504	6,554	6,604	6,654	6,704

Solution

1. $Z = 5$ °C et $EM = 145$ °C : la plage de mesure du transmetteur est 5 °C à 150 °C.

1.1. $E_{zéro} = E_T^{5°C,12°C} = E_T^{5°C,0°C} = E_T^{12°C,0°C} - 0,195 = 0,470 = -0,275$ mV

$E_{maxi} = E_T^{150°C,12°C} = E_T^{150°C,0°C} - E_T^{12°C,0°C} = 6,704 - 0,470 = 6,234$ mV

1.2. M_1 (%) = E (%) donc $M_1 = 2,458 \times E + 4,676$

1.3. $E_T^{138°C,12°C} = E_T^{138°C,12°C} - E_T^{12°C,0°C} = 6,107 - 0,470 = 5,637$ mV

soit : M_1 (138 °C) = 2,458 × 5,637 + 4,676 = 18,53 mA

2.1. $E'_{zéro} = E_T^{5°C,0°C} - E_T^{12°C,0°C} - E_{CSF}^{0°C,12°C} = E_T^{5°C,0°C}$ soit : $E'_{zero} = 0,195$ mV

$E'_{maxi} = E_T^{150°C,0°C} - E_T^{12°C,0°C} - E_{CSF}^{0°C,12°C} = E_T^{150°C,0°C}$ soit : $E'_{maxi} = 6,704$ mV

2.2. $M_2\,(\%) = E'\,(\%)$ donc $M_2 = 2{,}458 \times E'3{,}521$

2.3. $E_{\mathrm{T}}^{\prime 138°\mathrm{C},0°\mathrm{C}} = 6{,}107$ mV et $M_2\,(138\ °\mathrm{C}) = 2{,}458 \times 6{,}107 + 3{,}521 = 18{,}53$ mA

3. Le circuit de CSF sert à s'affranchir des variations de la température ambiante à la jonction de référence, et donc indiquer la valeur juste de la température de 138 °C.

Exercice 2 Conducteurs intermédiaires

Dans la figure 9.2, la f.é.m. mesurée est bien $E_{A/B}^{T_c,T_f}$ lorsque :

1. Les métaux C et D sont identiques et les températures T_r et T_f sont différentes.	Vrai ou faux ?
2. Les métaux C et D sont différents et T_r et T_f sont égales.	
3. La nature de A est proche de celle de C, et celle de B proche de D (câbles d'extension ou de compensation) et T_r et T_f sont différentes.	
4. Les métaux C et D sont identiques et T_r et T_f égales.	
5. Les métaux C et D sont différents et les températures aux jonctions J_1 et J_2 sont différentes.	
6. Les métaux C et D sont différents et les températures aux jonctions J_3 et J_4 sont différentes.	

Solution

1. Faux ; **2.** Vrai ; **3.** Vrai ; **4.** Vrai ; **5.** Faux ; **6.** Faux.

Hydrostatique et hydrodynamique

Fiche 10

L'hydrostatique est l'étude de l'eau au repos, mais s'emploie à tout fluide. L'hydrodynamique est l'étude de l'eau en mouvement, mais s'applique à tout fluide.

1. Fluides

Fluide : liquides et gaz

Un ***fluide*** est formé d'un grand nombre de particules matérielles, très petites et libres de se déplacer les unes par rapport aux autres ; c'est un milieu matériel continu, déformable, sans rigidité et qui peut s'écouler.

Les ***liquides*** et les ***gaz*** les plus usuels sont isotropes (propriétés identiques dans toutes les directions), mobiles et visqueux ; seule la compressibilité les différencie.

Fluide parfait et fluide réel

Un ***fluide parfait*** est un fluide non visqueux ; sa viscosité est nulle. La viscosité indique l'attitude d'un ***fluide réel*** à céder aux efforts de cisaillement, elle est une notion importante lors de l'étude des fluides en mouvement.

La relation entre la viscosité cinématique ν en $m^2 \cdot s^{-1}$ et la viscosité cinématique η en Pa · s s'exprime par : $\eta = \rho \cdot \nu$ où ρ est la masse volumique du fluide (kg m^{-3}).

EXEMPLES
Viscosité (Pa · s) de l'air à 20 °C : $\eta_{20} = 18{,}5 \times 10^{-6}$.
Viscosité (Pa · s) de l'eau à 20 °C et 100 °C : $\eta_{20} = 1 \times 10^{-3}$ et $\eta_{100} = 0{,}282 \times 10^{-3}$.

Un fluide réel s'écoule avec un frottement d'autant plus grand que sa viscosité est élevée. La viscosité des fluides newtoniens, comme les gaz et les vapeurs, est indépendante de la vitesse d'écoulement.

Fluide homogène

Un fluide est ***homogène*** lorsque sa composition est identique en tout point : sa masse volumique est constante. Un fluide homogène devient ***hétérogène,*** lorsque soumis à une variation de température ou de composition, sa masse volumique varie.

2. Pressions

La *pression* P (Pa) est une grandeur physique représentant une force F (N) par unité de surface S (m^2) s'exerçant à l'intérieur d'un fluide : $P = F/S$.

La pression ne dépend pas de l'orientation de la surface sur laquelle elle s'exerce.

Pression atmosphérique : Référence variable en fonction de l'altitude.

Pression atmosphérique de référence : fixée à 101 325 Pa (en pression absolue).

Pression absolue : pression exprimée par rapport au vide absolu, référence à 0 Pa abs. En physique, par exemple en thermodynamique, toutes les pressions doivent être exprimées en pressions absolues (Pa abs).

Pression relative : pression exprimée par rapport à la pression atmosphérique.

Pression différentielle : différence entre deux pressions relatives ou deux absolues.

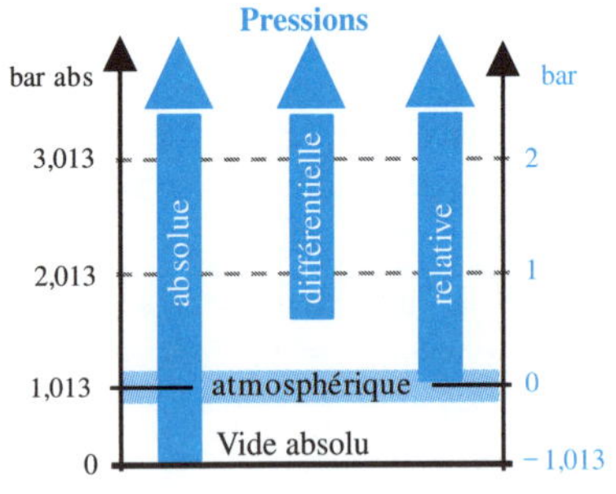

Figure 10.1 Pressions

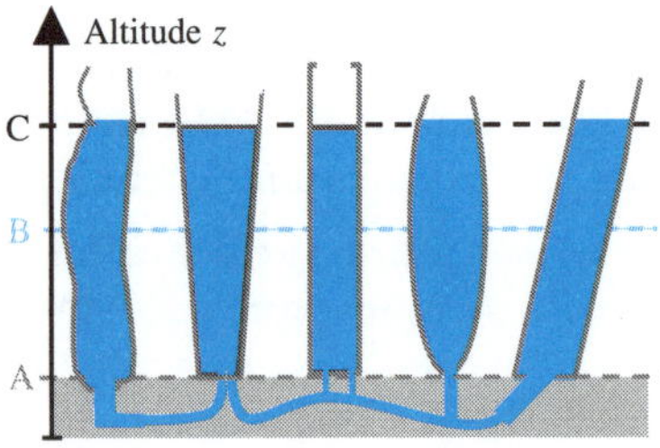

Figure 10.2 Vases communicants

3. Hydrostatique

Principe des vases communicants

Lorsqu'un liquide homogène relie sans discontinuité plusieurs surfaces libres soumises à la même pression, elles sont à la même altitude C quelle que soit la forme des vases ou récipients (figure 10.2). L'interface entre un liquide et un gaz s'appelle ***surface libre*** ; elle est toujours plane si on néglige les effets de tension superficielle.

Pression hydrostatique

La ***pression hydrostatique*** P de la masse exercée par une colonne, de section S quelconque et de hauteur H, de fluide homogène de masse volumique ρ est :

$$P = \frac{F}{S} = \frac{m \cdot g}{S} = \frac{\rho \cdot V \cdot g}{S} = \frac{\rho \cdot H \cdot S \cdot g}{S} \text{ soit } P = \rho \cdot g \cdot H.$$

Dans la figure 10.2, toutes les ***pressions hydrostatiques*** au niveau A ($H = z_C - z_A$) à l'intérieur du liquide sont identiques.

De même pour les ***pressions hydrostatiques*** au point B ($H = z_C - z_B$).

EXEMPLE

Le réservoir figure 10.3 est rempli de deux liquides L_1 et L_2 immiscibles, homogènes, de masses volumiques ρ_1 et ρ_2 différentes avec $\rho_1 > \rho_2$.
À l'interface $L_2 - L_1$, au niveau B, la pression relative ρ_B est :
$P_B = \rho_2 \cdot g\,(zc - Z_B)$.
Si $z_c = 7$ m, $z_B = 4$ met $\rho_2 = 800$ kg · m^{-3}, on a $P_B = 800 \times 9{,}81 \times 3 = 23\,544$ Pa.

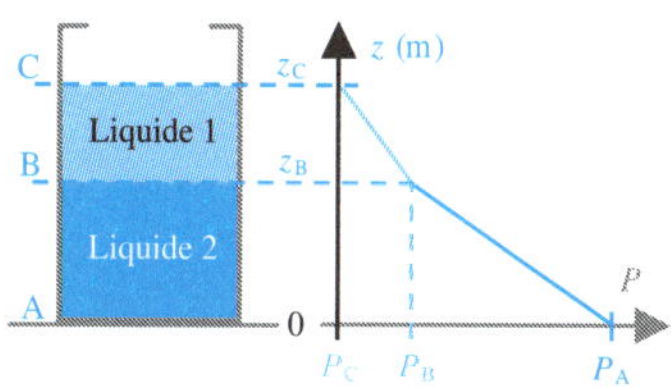

Figure 10.3 Pression hydrostatique

Au fond du réservoir, en A, la pression relative P_A est : $P_A = P_B + p_2 \cdot g \cdot z_B$.
Si $\rho_1 = 1\,000$ kg · m^{-3}, on a $P_A = 23\,544 + 1\,000 \times 9{,}81 \times 4 = 62\,784$ Pa.

Théorème d'Archimède

Tout corps plongé dans un fluide reçoit de la part de celui-ci une force F opposée au poids du fluide déplacé. Le point d'application de cette force est situé au centre de gravité de la masse du fluide déplacé.

Le ***poids apparent*** est la somme vectorielle du poids du corps et de la poussée d'Archimède. Le principe du capteur de niveau à plongeur est basé sur ce principe.

4. Hydrodynamique

Débit masse Q_m et débit volume Q_v

C'est la quantité, masse *m* ou volume *V*, de fluide s'écoulant par unité de temps *t* au travers d'une section : débit masse $Q_m = m/t$ et débit volume $Q_V = V/t$ et $Q_m = \rho \cdot Q_v$.

La masse volumique ρ d'un gaz dépend de la pression *P* et de la température *T*. Le débit Q_V d'un gaz est alors exprimé en $Nm^3 \cdot h^{-1}$ (N pour normaux) pour prendre en compte ses variations par rapport aux conditions dites normales ($P_0 = 101\,325$ Pa ; $T_0 = 0$ °C = 273,15 K) : $Q_{v0} = Q_v \cdot P \cdot T_0/P_0 \cdot T$. Le débit masse est : $Q_m = \rho_0 \cdot Q_{v0}$

EXEMPLE

Pour $Q_{v} = 50\ m^3 \cdot h^1$ d'air à $P = 4$ bar abs et $T = 293$ K, on a $Qvo = 184\ Nm^3 \cdot h^{-1}$
Le débit masse est : $Q_m = \rho \cdot Q_V \cdot P \cdot T_0/P_0 \cdot T$ soit
$Q_m = 233{,}7\ kg \cdot h^{-1.}$

Équation de continuité

Un fluide incompressible, ou compressible à pression constante, a un débit constant en régime permanent quelle que soit la section de la conduite qu'il traverse.

C'est le produit de la vitesse débitante *U* par l'aire *S* de la section : $Q_V = S \cdot U$.

Régime d'écoulement

Le régime de l'écoulement d'un fluide réel, incompressible et visqueux, dans la section circulaire qu'il traverse est déterminé par un paramètre appelé nombre de Reynolds : $R_e = (U \cdot D)/\nu$ avec *U* la vitesse débitante en $m \cdot s^{-1}$, *D* le diamètre interne de la section en *m*, et ν la viscosité cinématique du fluide en $m^2 \cdot s^{-1}$.

	$R_e < 2\,000$	$2\,000 < R_e < 4\,000$	$R_e > 4\,000$
Régime d'écoulement	laminaire	incertain	turbulent

Équation de Bernoulli (1738)

Dans une conduite fermée où circule un fluide parfait incompressible de masse volumique ρ et sans échange d'énergie ; la pression totale P_t est constante en tout point de l'écoulement à : $P_{totale} = P_{statique} + P_{dynamique} + P_{piézométrique} = \text{constante}$ où $P_{dynamique} = 0{,}5 \cdot \rho \cdot U^2$ et $P_{piézométrique} = \rho \cdot g \cdot z$ avec z altitude du point.

Exercice 1 Mesure de niveau d'un réservoir sous pression

Pour mesurer le niveau variable h d'interface liquide-gaz dans un réservoir soumis à une pression P_G de gaz variant entre 2 et 5 bars, on installe un capteur de pression différentielle (PDT) à bride (figure 10.4). Les masses volumiques ρ_A et ρ_B sont constantes. Données : $\rho_A = 800$ kg · m^{-3} ; $\rho_B = 1\,100$ kg · m^{-3} ; $H = 3$ m ; $h_{maxi} = 2{,}5$ m ; $h_{mini} = 0{,}5$ m.

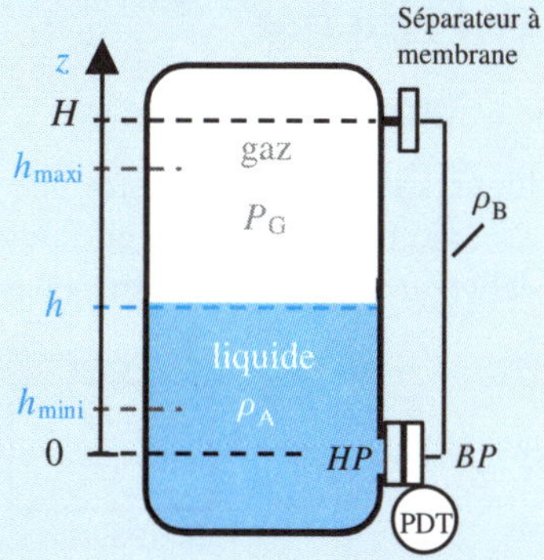

Figure 10.4 Mesure hydrostatique

1. Exprimer HP, BP puis ΔP en fonction de h.
2. Calculer ΔP (Pa) pour h_{maxi} et h_{mini}.
3. Exprimer la relation $\Delta P = f(h)$ en mbar.
4. Quelle pression maximale subit le côté BP ?

Solution

1. $HP = P_G + \rho_A \cdot g \cdot h$; $BP = P_G + \rho_B \cdot g \cdot H$
et $\Delta P = HP - BP = \rho_A \cdot g \cdot h - \rho_B \cdot g \cdot H$.

2. Pour $h_{maxi} = 2{,}5$ m : $\Delta P = 800 \times 9{,}81 \times 2{,}5 - 1\,100 \times 9{,}81 \times 3$
soit : $\Delta P = -\,12\,753$ Pa.
Pour $h_{mini} = 0{,}5$ m : $\Delta P = 800 \times 9{,}81 \times 0{,}5 - 1\,100 \times 9{,}81 \times 3$
soit : $\Delta P = -\,28\,449$ Pa.

3. La relation linéaire est : $\Delta P = 7\,848 \times h - 32\,373$ (Pa) et $\Delta P = 78 \times h - 324$ (mbar).

4. $BP_{maxi} = 5 \times 10^5 + 1\,000 \times 9{,}81 \times 3$ soit BP_{maxi} 529 430 Pa = 5,29 bars.

Fiche 11

Capteurs de pression

Quantitativement, la pression est la seconde grandeur physique mesurée industriellement après la température. Du vide poussé de quelques pascals absolus aux très grandes pressions de plusieurs milliers de bars, les techniques de mesures développées pour les applications sont très variées.

1. Principe

Capteur de pression

La pression du fluide exerce une force sur le ***corps d'épreuve*** du ***capteur.*** Il en résulte un déplacement, ou une déformation, traduit par le ***transducteur*** qui délivre une grandeur électrique exploitée par le transmetteur.

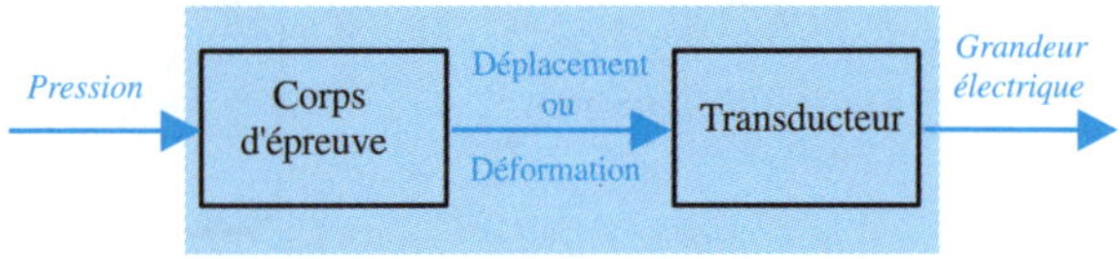

Figure 11.1 Principe d'un capteur de pression

Corps d'épreuve

Parmi les principaux ***corps d'épreuve*** employés par les fabricants on remarque la membrane, la membrane corruguée*, la plaque encastrée, la capsule plane ou corruguée, et le tube borgne (figure 11.2). Chacun d'entre eux, ayant des caractéristiques intrinsèques telles que sensibilité à la pression, étendue de mesure, ou temps de réponse ; leur domaine respectif d'emploi leur est spécifique.

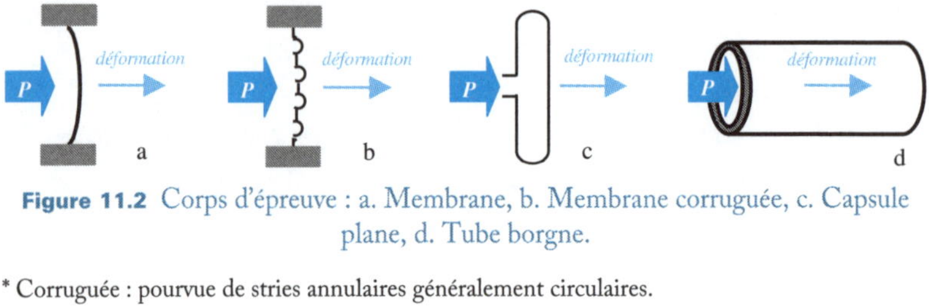

Figure 11.2 Corps d'épreuve : a. Membrane, b. Membrane corruguée, c. Capsule plane, d. Tube borgne.

* Corruguée : pourvue de stries annulaires généralement circulaires.

Transducteurs électriques

Monté directement ou indirectement sur le corps d'épreuve, le transducteur en traduit le déplacement ou la déformation. Il existe une très grande variété de transducteurs, passifs ou actifs (*cf.* fiche 6) ; parmi lesquels ceux à variation de capacité électrique, de résistance ohmique par jauges de contrainte métalliques ou semi-conductrices, ou à effet piézoélectrique.

2. Réalisation technique

Capteur de pression relative ou absolue

La pression P du processus agit directement sur la membrane en céramique ④ et la déplace au maximum de 25 µm (figure 11.3). La ***variation de capacité*** proportionnelle au déplacement est mesurée aux électrodes du support en céramique et de la membrane. La gamme de mesure est déterminée par l'épaisseur de la membrane en céramique.

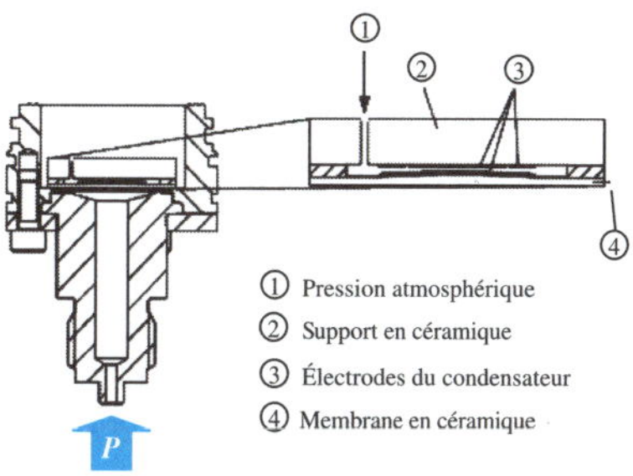

Figure 11.3 Capteur à membrane en céramique et variation de capacité. Endress + Hauser.

Lorsque la référence est la pression atmosphérique, quelle que soit la réalisation technique, c'est un capteur de pression relative (en ① dans la figure 11.3). Pour un vide poussé en pression de référence, c'est un capteur de pression absolue.

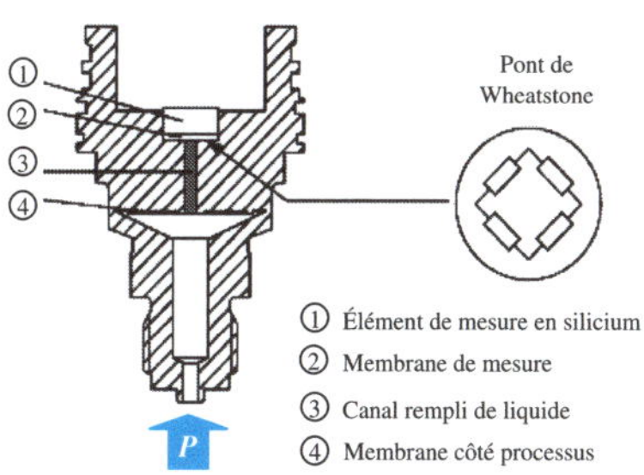

Figure 11.4 Membrane métallique à variation de résistance ohmique. *Endress + Hauser.*

Figure 11.4 : la pression P du processus déplace la membrane métallique séparatrice ④, le liquide de remplissage ③ et la membrane de mesure ②. Sous l'effet du déplacement, l'élément de mesure piézorésistif ① subit une contrainte qui modifie sa résistance ohmique. La tension de mesure résultante du pont de Wheatstone est proportionnelle à la pression.

Capteur de pression différentielle

Le capteur de pression différentielle est très répandu car il permet de mesurer un niveau d'interface (*cf.* fiche 12), un débit (*cf.* fiche 15), une densité ou encore de vérifier l'efficacité d'un échangeur thermique ou d'un filtre en mesurant leurs pertes de charge.

EXEMPLE DE RÉALISATION

Les pressions *HP* et *BP* appliquées sur chaque membrane isolante sont transmises par l'intermédiaire d'une huile de silicone à la membrane déformable, ce qui entraîne une variation différentielle de capacité entre les électrodes des condensateurs et la membrane déformable (figure 11.5).

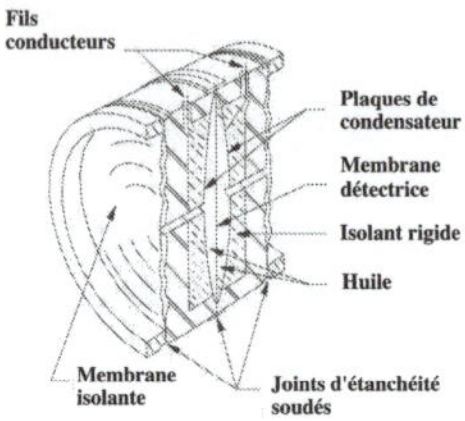

Figure 11.5 Capteur de pression différentielle. *Rosemount*

Transmetteur de pression configurable

Le transmetteur est logé dans un boîtier monté directement sur le capteur de pression, qu'elle soit relative, absolue ou différentielle. Lorsque le transmetteur est réglable, la configuration permet de régler les paramètres usuels suivants : appellation et adresse du capteur-transmetteur, unités principale et secondaire, valeurs minimale et maximale, temps de réponse, fonction de linéarité (linéaire, racine carrée ou autre calcul), indication des températures du processus et du boîtier, signal de sortie en cas de défaut. Cette liste ne peut être exhaustive.

En fonction de l'option retenue, la configuration peut se faire par un mini clavier accessible localement par le boîtier muni d'un afficheur, par modem avec le protocole Hart, ou par bus de terrain (*cf.* fiche 6).

EXEMPLE DE CONFIGURATION

LIT 683 (transmetteur indicateur de niveau de l'unité de production 6, de la cuve 8, de la régulation 3) ; adresse numérique 5 ; unité principale en m^3 ; unité secondaire en mbar ; 0 m^3 à 10 m^3 ; 257 mbar à 588 mbar ; constante de temps de 4 secondes ; signal linéaire, température du processus de 10 °C à 60 °C, signal délivré en cas de défaut égal à 16 mA (correspondant à une indication de 75 % du volume de la cuve).

Symboles TI des transmetteurs de pression

La figure 11.6 montre les symboles des transmetteurs de pression selon la norme E04-203-1 du plan de ***Tuyauterie et d'Instrumentation*** (*cf.* fiche 2).

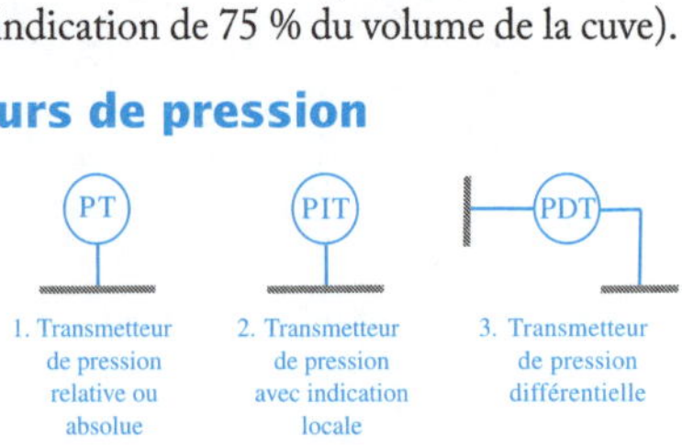

Figure 11.6 Symboles TI

Lorsque la pression différentielle est mesurée pour obtenir un débit, le codet du transmetteur devient FT ou FIT, et s'il concerne une mesure de niveau, il devient LT ou LIT.

3. Montage du capteur

Position de montage

L'implantation dépend de la nature du fluide et de l'application. En général, pour un gaz incondensable, la position est indifféremment au-dessus ou au-dessous de la conduite, et au-dessous pour les liquides, vapeur et gaz condensable.

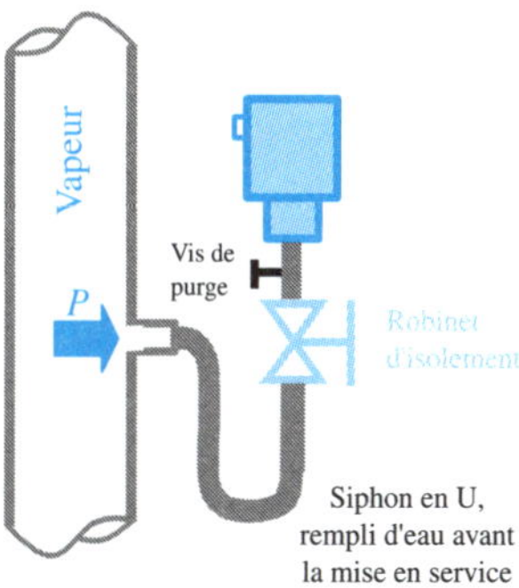

Figure 11.7 Capteur de pression relative sur conduite de vapeur

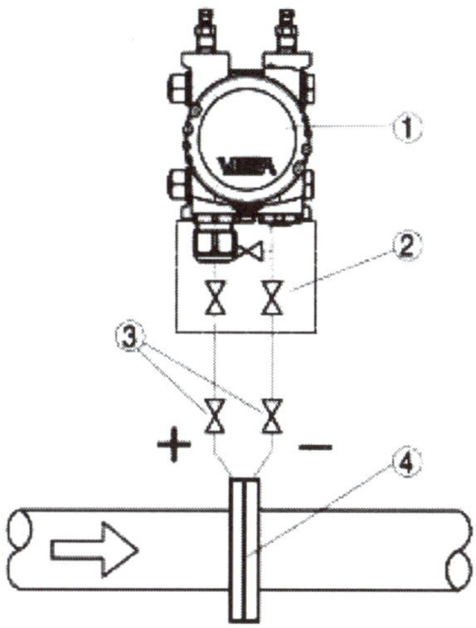

Figure 11.8 1. Capteur de pression différentielle sur gaz ; 2. Manifold ; 3. Robinets d'isolement ; 4. Organe déprimogène. Végadif 65 – Vega

Pour la mesure de niveau par pression différentielle : consulter la fiche 12.

Les accessoires de montage

Ils sont nécessaires pour adapter le capteur aux conditions du processus pour lequel il est destiné. Accessoires les plus courants : manifold, siphon, pots de condensation et de purge, séparateur à membrane et capillaire, système de réchauffage ou de refroidissement (ruban chauffant autorégulé, calorifugeage, coffrage), soupape de sécurité, disque de rupture.

Manifold, siphon et pots de condensation

Pour sa mise en service, sa vérification, et sa maintenance ; il est recommandé d'équiper le capteur de robinets d'isolement du processus, de vérification et de purge qui peuvent être regroupés en un ensemble appelé ***manifold*** (figures 11.8 et 11.9). En cas de température élevée du fluide, comme pour la vapeur par exemple, un ***siphon*** permet de réduire la température au niveau du corps d'épreuve (figure 11.7). Des ***pots de condensation*** pour la vapeur et de purge pour les liquides peuvent être également nécessaires (figure 11.10).

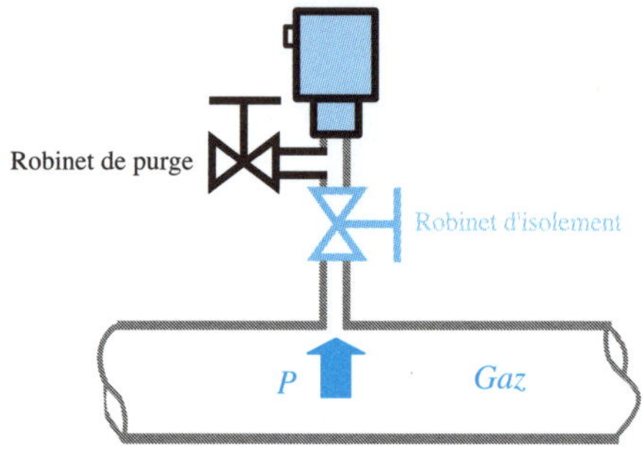

Figure 11.9 Capteur de pression sur conduite de gaz

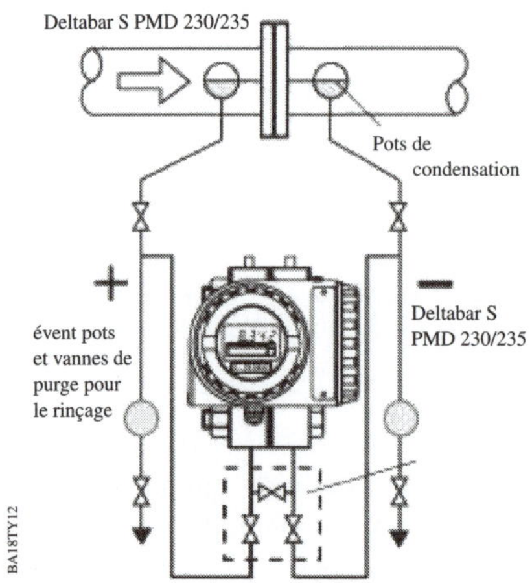

Figure 11.10 Capteur de pression différentielle sur débit de vapeur. Endress et Hauser

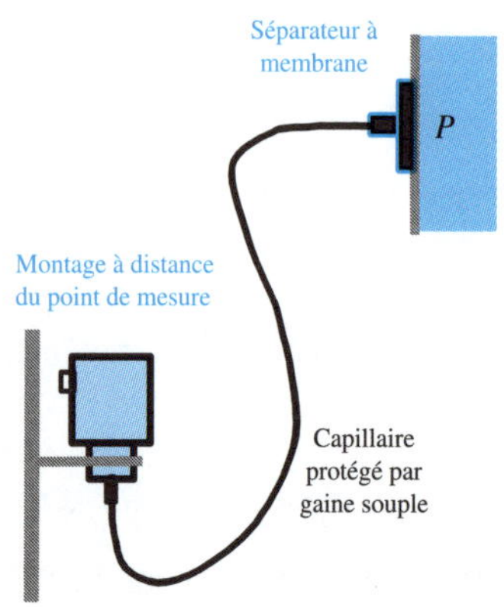

Figure 11.11 Capteur de pression avec séparateur à membrane et capillaire

Séparateur à membrane à capillaire et liquide tampon

Les ***séparateurs à membrane*** permettent de garantir des applications de mesure de pression dans des conditions du processus supérieures à celles prévues par le fabricant du capteur. Le séparateur peut être monté directement sur le capteur ou bien avec un ***capillaire*** entre le séparateur et le capteur (figure 11.11).

Les cas d'utilisation :

– le fluide est hétérogène, visqueux, cristallisant ou tendant à se solidifier ;

– le fluide est très corrosif ;

– le fluide est toxique ou dangereux pour l'environnement ;

– le processus est très exigeant en matière d'hygiène (industrie agroalimentaire, pharmaceutique et biotechnologie) ;

– la température ambiante au niveau du point de mesure ou la température du fluide est trop élevée pour le corps d'épreuve du capteur.

Un séparateur constitue avec le capteur un ensemble étalonné indissociable. Les ouvertures ayant permis le remplissage du ***liquide tampon*** doivent rester scellées.

4. Étalonnage

Étalonnage primaire

La pression de référence P soumise au capteur à étalonner est générée soit à l'aide d'une colonne de liquide où $P = \rho \cdot g \cdot h$, pour les pressions entre quelques mbar et 300 mbar, soit à l'aide d'une balance manométrique par application d'une force F sur une section S déterminée donnant $P = F/S$. La pression de référence est un ***étalon primaire.***

Étalonnage secondaire

C'est un étalonnage par comparaison (*cf.* fiche 4), c'est-à-dire que la pression soumise au capteur à étalonner est mesurée avec une précision au moins dix fois supérieure par un capteur interne d'un calibrateur portatif ou par un manomètre de précision.

Exercice 1 Mise en service d'un capteur de pression

Le capteur de la figure 11.7, actuellement en fonction, est à vérifier. La température maximale de vapeur est de 285 °C. L'échelle réglée est de 0 à 25 bars pour un signal de mesure 4-20 mA.

1. Peut-on vérifier ce capteur sur le site sans le démonter ?
2. Quelles sont les précautions à prendre pour démonter le capteur ?
3. Démonté et hors contact avec la vapeur, comment vérifier ce capteur ?

Solution

1. Non, il faut le démonter car il n'y a pas d'accès prévu pour lui appliquer une pression connue d'étalonnage. **2.** Fermer le robinet d'isolement, ouvrir la vis de purge, vérifier que la température du capteur est sans danger, dévisser le raccord pour déposer le capteur. **3.** Raccorder une source de pression réglable (pompe à main spéciale ou balance manométrique) au capteur ainsi qu'à un indicateur de précision. Mesurer les signaux avec un ampèremètre de précision (au moins dix fois plus précis que le capteur) en rapport avec les pressions générées et les comparer avec les valeurs théoriques.

Mesures de niveau hydrostatiques

Fiche 12

Les spécificités des principales mesures de niveau sont résumées à la fiche 14.

1. Niveau

Définition

On appelle ***niveau*** d'un liquide dans un réservoir, la différence de hauteur entre un plan de référence et le plan d'interface liquide-gaz ou de deux liquides immiscibles.

Un niveau est aussi l'instrument donnant la valeur de cette hauteur de liquide.

Niveau, jaugeage et barêmage

La mesure d'un ***niveau*** sert soit à réguler la hauteur du produit permettant le contrôle du procédé, soit à informer le service de gestion des stocks du volume manquant ou restant du réservoir.

Le ***jaugeage*** ou ***barêmage*** d'un réservoir consiste à établir, avec une incertitude maîtrisée, la relation $V = f(h)$ liant le volume V du liquide contenu dans le réservoir à la position h du niveau de ce liquide, repérée sur un axe vertical défini à partir d'une origine de référence.

Les volumes de liquide sont soumis en France, lors des transactions commerciales, à une obligation légale de mesurage (ordonnance 45-2405 du 18/10/1945) car la facturation de ces quantités liquides, de leur transport, ou des taxes assises lors de leur mise à la consommation, est toujours proportionnelle au volume. La connaissance de ce dernier avec exactitude garantit le prix le plus juste possible aux parties en présence.

2. Niveau hydrostatique

Principe et conditions d'application

L'équation de l'hydrostatique $P = \rho \cdot g \cdot h$ conduit à mesurer la pression pour obtenir la hauteur h de liquide, aux ***conditions*** que la masse volumique ρ soit constante, et que l'accélération g de la pesanteur soit constante, cette dernière condition étant pratiquement toujours vérifiée sur les processus (*cf.* fiche 10).

Une correction de mesure hydrostatique d'un niveau à partir du signal d'un densimètre est réalisable, mais il est préférable d'utiliser d'autres techniques de mesures indépendantes de la densité (*cf.* fiches 13 et 14).

Méthode directe ou différentielle

En fonction des conditions, deux méthodes génériques existent :

- la ***méthode directe*** qui emploie un capteur de ***pression relative*** mesurant la pression statique à un point bas du réservoir ;
- la ***méthode différentielle*** utilisant un capteur de ***pression différentielle***, pour un niveau d'interface entre liquides ou entre liquide et gaz, lorsque le réservoir est soumis à une pression différente de la pression atmosphérique.

3. Mesure hydrostatique directe

Application

Sur tout réservoir ouvert, c'est-à-dire soumis à la pression atmosphérique, ou tout puits à l'air libre.

Capteur de pression à membrane affleurante

Un capteur de pression relative dont la ***membrane est affleurante*** à la paroi du réservoir est placé au point bas désiré. La mesure de la pression est proportionnelle au niveau situé au-dessus de ce point bas (figure 12.1). Ce montage répond bien aux exigences d'hygiène des industries agroalimentaires car ces capteurs résistent aux nettoyages et aux chocs thermiques des stérilisations.

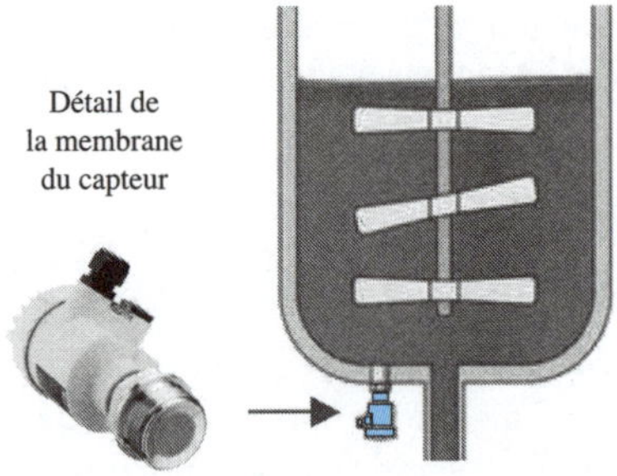

Figure 12.1 Niveau de chocolat. Capteur de pression à membrane arasante. *Vega*

Capteur à sonde plongeante

Constituée d'un capteur de pression relative ***plongé*** par le haut du réservoir, la sonde mesure la pression hydrostatique et donc le niveau au-dessus d'elle (figure 12.2). Le capteur est relié par un câble ou une prolongation rigide au transmetteur situé à l'extérieur du réservoir.

La pression atmosphérique est amenée à la cellule de mesure par un capillaire interne à la prolongation qu'il ne faut ni obstruer, ni couper lors du montage.

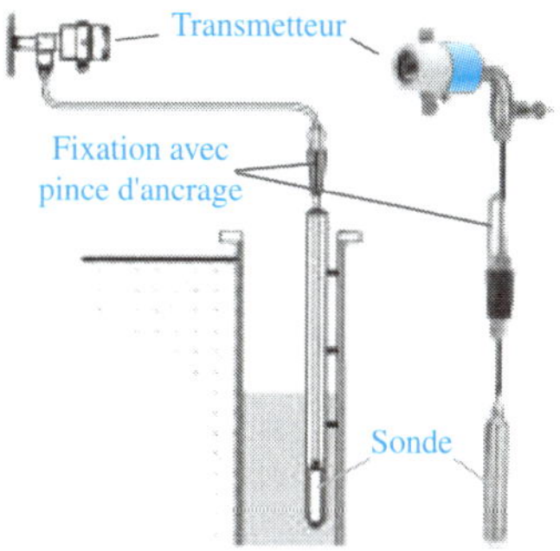

Figure 12.2 Sonde plongeante. *Endress + Hauser*

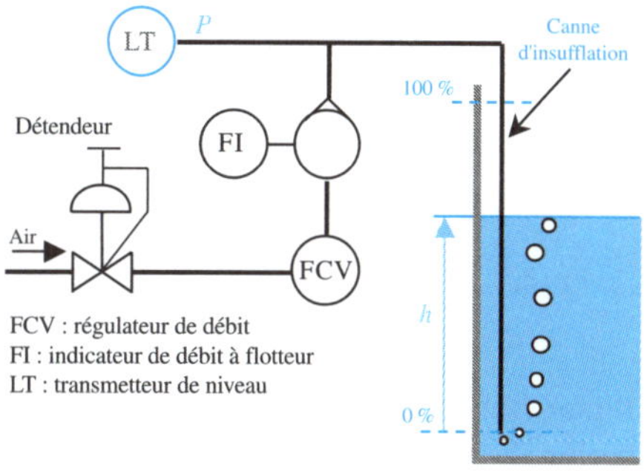

Figure 12.3 Mesurage par bullage

Mesurage par bullage

On injecte un débit d'air ou de gaz dans une canne creuse immergée dans le liquide dont on veut mesurer le niveau (figure 12.3). La pression nécessaire P pour chasser le liquide monté dans ce tube est proportionnelle au niveau h et mesurée par un capteur de pression relative.

Le régulateur de débit permet de régler le ***bullage*** injecté et limite ainsi les pertes de charges dans la canne d'insufflation.

Cette méthode très employée sur les liquides très corrosifs dans les industries chimiques et pétrochimiques est appelée également méthode du ***bulle à bulle,*** à ***insufflation*** ou à ***barbotage.*** Cette technique de mesurage est très intéressante dans les zones ATEX (*cf.* fiche 7). Le colmatage possible de la canne et l'injection d'air ou de gaz dans le liquide, guère appréciés, peuvent limiter l'emploi de cette méthode.

4. Mesure hydrostatique différentielle

Application

Sur tout réservoir fermé soumis à une pression, inconnue ou variable, au-dessus du niveau à mesurer, on utilise un capteur de ***pression différentielle***, avec un double piquage direct des pressions ou équipé d'une ou deux brides spécifiques au niveau. La figure 12.4 montre un montage classique d'un capteur-transmetteur de pression différentielle d'un niveau d'interface entre eau et vapeur sous pression. On s'affranchit ici de la surpression de la vapeur pour obtenir la pression hydrostatique.

> Plus de 20 % des mesures de niveau sur des cuves pressurisées sont effectuées par pression différentielle.

Détermination des caractéristiques du capteur-transmetteur

Il faut établir, en fonction du montage, les équations nécessaires à la détermination du réglage du capteur-transmetteur de ΔP.

Dans le cas d'un ***gaz condensable*** (figure 12.4) on établit :

$$HP = P_G + \rho_A \cdot g \cdot h \qquad BP = P_G + \rho_B \cdot g \cdot H$$

$$\text{et } \Delta P = HP - BP = \rho_A \cdot g \cdot h - \rho_B \cdot g \cdot H$$

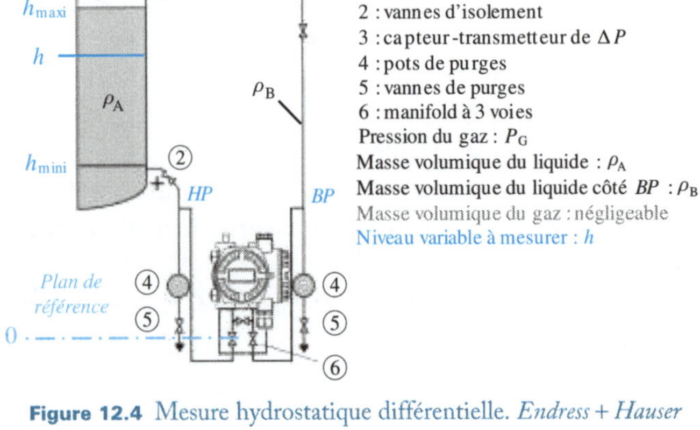

Figure 12.4 Mesure hydrostatique différentielle. *Endress + Hauser*

On en déduit ***l'étendue de mesure*** *EM* et le ***décalage de zéro*** *DZ* :

$EM = \Delta P_{maxi} - \Delta P_{mini} = \rho_A \cdot g \cdot h_{maxi} - \rho_A \cdot g \cdot h_{mini}$

$DZ = \Delta P_{min} = \rho_A \cdot g \cdot h_{mini} - \rho_B \cdot g \cdot H.$

La différence de pression mesurée est proportionnelle au niveau. La pression statique maximale est du côté *BP* puisque $H > h_{maxi}$.

Ces résultats sont indépendants du choix du plan de référence, pris arbitrairement.

EXERCICE 1 Niveau d'eau pressurisée

Les caractéristiques du montage de la figure 12.4 sont : $P_{Gmaxi} = 35$ bars ; $\rho_A = 850$ kg.m^{-3} ; $\rho_B = 980$ kg.m^{-3} ; $H = 5{,}5$ m ; $h_{maxi} = 5$ m ; $h_{mini} = 3$ m.

1. Déterminer l'*EM*, le *DZ* et la pression statique maximale admissible du capteur.

2. Que deviennent l'*EM* et le *DZ* lorsque $H = h_{maxi} = 5$ m ? Conclure.

3. Une variation de ρ_B a-t-elle une influence sur la mesure ? Conclure.

Solution

1. $EM = \Delta P_{maxi} - \Delta P_{mini} = -11\,183 - (-27\,860) = 16\,667$ Pa. $DZ = 27\,860$ Pa.
$P_{statique\ maxi} = 35 + 0{,}52876 = 35{,}53$ bars.

2. $EM = -6\,376 - (-23\,053) = 16\,667$ Pa. $DZ = 23\,053$ Pa : le zéro est à régler.

3. La variation de ρ_B n'affecte pas l'*EM*, mais le *DZ* : quand ρ_B baisse le niveau paraît plus haut, et inversement. Pour garder une mesure fidèle, il faut calorifuger la colonne humide pour garder ρ_B constante.

Fiche 13 Mesures de niveau intrusives

Les spécificités des principales mesures de niveau sont résumées dans la fiche 14.

Mesure intrusive : le capteur est en contact avec le produit et perturbe plus ou moins la grandeur mesurée.

1. Capteur de niveau à plongeur

Principe

Tout changement du niveau du liquide fait varier le poids apparent du ***plongeur*** soumis à la poussée d'Archimède (*cf.* fiche 10), appliquant sur un tube de torsion une variation d'angle proportionnelle au changement du niveau du liquide (figure 13.1). Cette rotation du bras de torsion modifie le champ magnétique mesuré par un capteur à effet Hall qui génère une tension proportionnelle au niveau.

Le plongeur ne se soulève pas ni ne flotte !

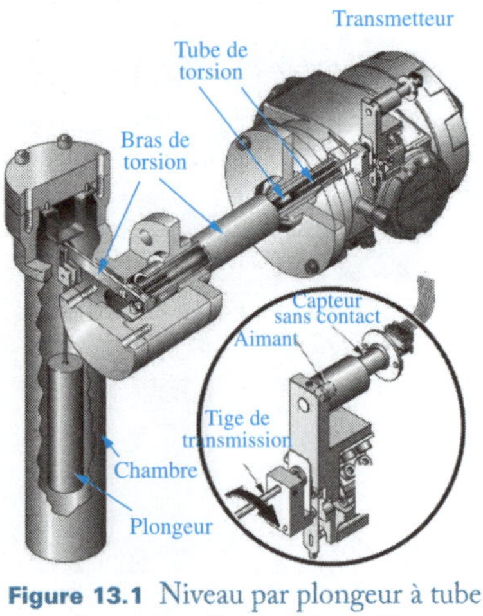

Figure 13.1 Niveau par plongeur à tube de torsion. *DresserMasoneilan*

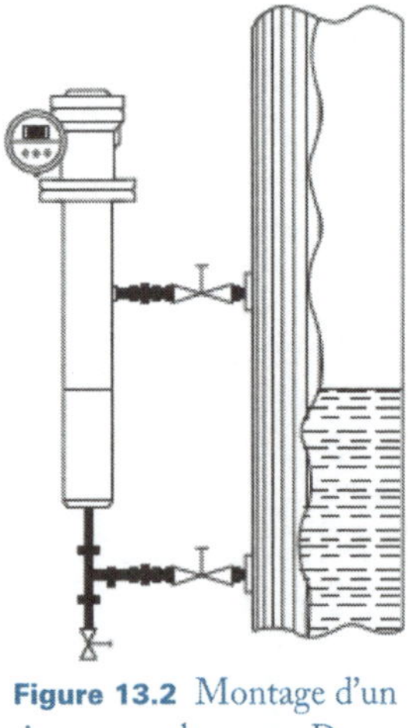

Figure 13.2 Montage d'un niveau par plongeur. *Dresser Masoneilan*

Application générale

Cette technique est très utilisée dans les colonnes à distiller pour mesurer des niveaux d'interfaces liquide-gaz ou liquide-liquide, mais également pour mesurer la densité d'un liquide, le plongeur restant alors toujours immergé. Une gamme d'une dizaine de capteurs couvre une échelle de mesure d'environ 300 mm à 3 000 mm, utilisable jusqu'à 250 °C en version standard, et jusqu'à 450 °C en option spécifique.

Montage

Le plongeur peut être monté à l'intérieur du réservoir, mais en montage externe il subit moins les remous internes au réservoir, et, muni de deux vannes d'isolement et d'une vanne de purge, il facilite son installation et sa mise en service (figure 13.2).

2. Sonde capacitive

Principe

La mesure de niveau capacitive repose sur le changement de ***capacité*** d'un condensateur électrique formé par la sonde et la paroi de la cuve (matériau conducteur) lorsque le niveau varie, le produit étant le diélectrique du condensateur (figure 13.3).

Quand la sonde est dans l'air, ou le gaz, une capacité initiale est mesurée. La capacité C_{mesure} du condensateur augmente d'autant plus que la sonde est recouverte. La capacité finale est obtenue lorsque la sonde est recouverte ; la variation ΔC correspondant à la variation totale du niveau.

La tension sinusoïdale appliquée entre la sonde et la paroi est d'une fréquence entre 20 kHz et 2 MHz.

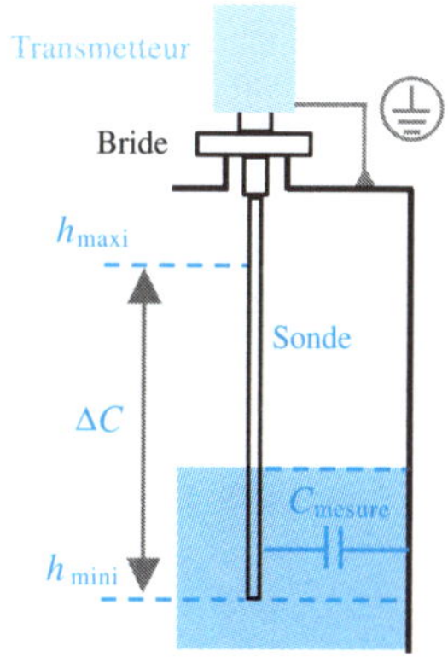

Figure 13.3 Principe d'une sonde capacitive de niveau

> À partir d'un seuil de conductivité, allant de 30 à 100 µS/cm selon les modèles de sonde, la mesure est indépendante du coefficient diélectrique du liquide.

Application générale

Les sondes totalement isolées sont utilisées dans les liquides conducteurs, celles partiellement isolées sont employées dans les solides en vrac ou pulvérulents. Les produits agressifs ou colmatants ne gênent pas la mesure. Pour garantir la précision, les caractéristiques électriques du produit doivent rester constantes.

Les échelles vont de 0 à 100 mm jusqu'à 0 à 6 m en rigide, et jusqu'à 0 à 32 m en version câble.

Les sondes capacitives résistent bien aux conditions difficiles rencontrées, telles que hautes températures, fortes pressions ou aux milieux corrosifs.

EXEMPLES DE TENUES AUX CONDITIONS DE PROCESSUS
Sonde 1 : température de – 80 °C à 200 °C et pression de – 1 bar à 100 bars.
Sonde 2 : température de – 20 °C à 400 °C et pression de – 1 bar à 16 bars.

Précautions principales de montage

Les réservoirs en matériaux non conducteurs nécessitent un tube de masse comme contre-électrode. La sonde ne doit pas être installée dans les zones de vidange ou de remplissage du réservoir. Une fixation de la sonde est nécessaire pour les versions à câble pouvant être très longues pour éviter que la sonde ne touche la paroi.

> Dans les cuves cylindriques couchées, sphériques ou de réservoirs asymétriques, les mesures de niveau sont non linéaires en raison des distances variables entre la sonde et la paroi de la cuve.

3. Sonde à impulsions filoguidées

Principe

Des ***impulsions micro-ondes*** à haute fréquence, dites radar, se déplacent ***le long d'un câble*** ou d'une tige et sont réfléchies par la surface du produit liquide ou solide en vrac. Le temps de propagation entre l'émission et la réception des signaux est proportionnel au niveau dans le réservoir.

Les étapes du signal sont données en figure 13.4 : l'impulsion électromagnétique est transmise par le convertisseur (1), parcourt la sonde à la vitesse c de la lumière dans l'air (2), l'impulsion est réfléchie (3), l'impulsion parcourt la sonde à la vitesse *c* (4), puis le convertisseur reçoit l'impulsion et enregistre le signal (5). (6) : impulsion se déplaçant à la vitesse c. (7) : impulsion transmise. (8) : la moitié de ce temps équivaut à la distance entre le point de référence de l'appareil (face avant de la bride) et la surface du produit. (9) : impulsion reçue.

Application générale

La sonde radar convient particulièrement à la mesure de niveau de liquides ou de solides dans des cuves de stockage.

Les problèmes dans les solides en vrac comme le dégagement de poussière important et le haut niveau de bruit ou encore la formation de condensât n'ont pas d'in fluence sur la fiabilité de la mesure. Il en est de même pour la forme de l'angle de talutage ou les propriétés du produit comme le changement d'un sable sec à un sable humide.

Les plages de mesure vont jusqu'à 32 m, utilisables jusqu'à 150 °C sous 40 bars en version standard, et en extension spécifique, à des températures comprises entre – 200 °C et 400 °C à des pressions allant jusqu'à 400 bars.

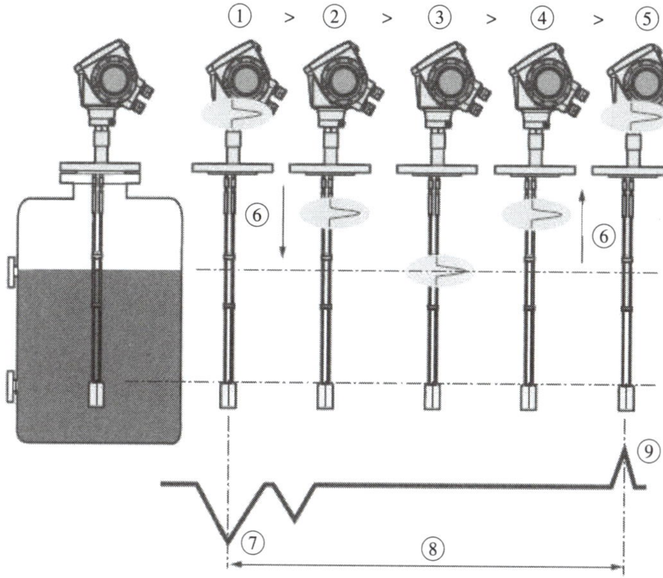

Figure 13.4 Sonde de niveau à radar filoguidée. *Vega*

Précautions de montage et de mise en service

La mesure de niveau dans un tube bipasse est une solution idéale : on peut mesurer des produits d'une constante diélectrique inférieure à 1,6 avec une haute fiabilité.

Il ne faut pas installer la sonde dans les zones de vidange ou de remplissage du réservoir, la mesure n'étant alors pas représentative du niveau réel du réservoir. Les capteurs sont préréglés à la longueur de sonde commandée, mais sont adaptables aussi sur le site.

Un réglage avec le produit est inutile puisque les variations de densité ou de la constante diélectrique du produit, des dégagements de vapeur ou de fortes variations de températures n'ont aucune influence sur la mesure ; il est donc possible de mesurer des produits différents, changeant fréquemment ainsi que des mélanges. En revanche en cas de colmatage de la tige, l'élimination des échos parasites peut être réalisée par configuration logicielle du transmetteur.

4. Capteur à palpeur électromécanique

Principe

Une bande de mesure lestée d'un ***palpeur*** ou contrepoids est descendue dans la trémie ou le silo (figure 13.5). Lorsque le poids entre en contact avec la surface du produit, la bande se relâche, ce qui est détecté par l'asservissement électronique du transmetteur et la valeur mesurée est délivrée en un signal 4 – 20 mA. Le contrepoids retourne ensuite à sa position initiale, et la valeur mesurée déterminée est conservée jusqu'à la mesure suivante.

Figure 13.5 Palpeur électromécanique. *Endress + Hauser*

Application spécifique

Utilisation sur les solides, comme les céréales, les granulés en matière synthétique, et toutes poudres dans des trémies ou des silos. Non utilisable sur les liquides.

Gamme de mesure jusqu'à 70 m ; précision à ± 2,5 cm.

Température de processus maximale jusqu'à 230 °C.

Pression de processus maximale jusqu'à 3 bars absolus.

Précautions de montage

Le contrepoids est de forme et de taille à choisir en fonction de la granulométrie du produit, car il ne doit ni s'enfoncer dans le produit, ni glisser sur le cône de remplissage. Le transmetteur est fixé en haut de la trémie ou du silo bien horizontalement, et un trou d'homme doit être prévu pour accéder au contrepoids à l'aide d'une gaffe (longue perche munie d'un crochet à une extrémité).

EXERCICE 1 Votre niveau en questions

Vrai ou faux ? Pourquoi ?	Vrai ou faux ?
1. Tous les capteurs de niveau de liquide de cette fiche permettent une mesure d'un niveau d'interface entre deux liquides.	
2. La mesure par sonde à impulsions filoguidées n'est perturbée ni par un talutage, ni par un colmatage.	
3. Le capteur à plongeur permet les mesures duales de niveau et de densité d'un liquide.	
4. Quel que soit le capteur employé, le volume de liquide dans un réservoir sphérique n'est pas linéaire avec la mesure du niveau.	
5. La mesure de niveau d'un liquide de densité variable donnée par un transmetteur à sonde capacitive n'est pas fiable.	
6. Dans le cas d'un capteur de niveau à plongeur, le poids apparent du plongeur est plus faible lorsque le niveau est plus haut.	

Solution

1. Vrai. 2. Vrai : mais attention la mesure ne représente pas forcément le niveau réel. **3. Faux** : le montage étant différent, il faut choisir soit la mesure du niveau soit celle de la densité. **4. Vrai. 5. Faux** : la mesure est indépendante de la densité. **6. Vrai.**

Fiche 14 Mesures de niveau non intrusives

Les spécificités des principales mesures de niveau sont résumées en annexe.

Mesure non intrusive : le capteur n'est pas en contact avec le produit et n'influence donc pas la grandeur mesurée par sa présence.

1. Capteur de niveau à ultrasons

Principe

La sonde envoie des ***impulsions ultrasoniques*** comprises entre 10 kHz et 100 kHz en direction de la surface du produit à la vitesse du son c (environ 340 $m{\cdot}s^{-1}$), où elles sont réfléchies et reçues à nouveau par la sonde (figure 14.1). Le transmetteur mesure le temps t entre l'émission et la réception d'une impulsion et détermine la distance d entre la membrane de la sonde et la surface du produit par $d = c \cdot t/2$. À partir de d, on obtient la valeur souhaitée du niveau ou du volume.

Pour corriger la durée de propagation du son en fonction de la température, un capteur de température est intégré dans les sondes à ultrasons.

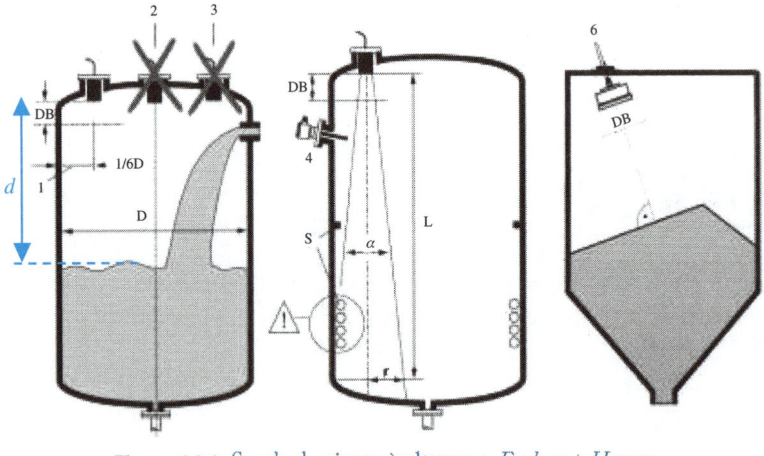

Figure 14.1 Sonde de niveau à ultrasons. *Endress + Hauser*

Applications

Ces capteurs ont des échelles de mesure de 5 à 25 m sur les liquides et de 5 à 70 m sur les solides en vrac ou pulvérulents. Les variations dans la composition du produit ou un changement total de produit n'ont aucune influence sur le résultat de la mesure : un nouveau réglage n'est pas nécessaire.

Une surpression dans la cuve n'influence pas la mesure, mais en revanche une dépression ou un vide atténue les impulsions ultrasoniques ; ce qui influence le résultat de la mesure, tout particulièrement lorsque le niveau est très bas.

Précautions de montage

Le niveau de référence pour la mesure est la face inférieure du transducteur. Il faut respecter un écart minimal (DB : *Dead Band* ou zone morte) entre la face inférieure du transducteur et la surface du produit dans laquelle une mesure est impossible. La qualité de la surface, calme ou agitée, ou une production de poussière plus ou moins faible peut réduire l'étendue de mesure, par exemple de 20 m à 8 m.

La figure 14.1 montre les montages préconisés, ceux interdits (2 et 3) et les éléments perturbateurs à éviter à cause de leurs échos parasites comme une sonde de température (4), des serpentins (S) ou des pales d'agitateur.

Pour éviter de perturber la mesure avec des interférences fréquentielles, les câbles de la sonde ne doivent pas être posés parallèlement aux câbles à haute tension, ni à proximité des convertisseurs de fréquence.

2. Capteur de niveau à radar

Principe

Des impulsions micro-ondes, dites ***radar***, à faible puissance d'émission (entre 6 et 25 GHz) sont émises à la vitesse de la lumière c (300 000 km·s^{1}) vers le produit à mesurer par une antenne, une partie est réfléchie par la surface du produit, puis réceptionnée par la même antenne (figure 14.2).

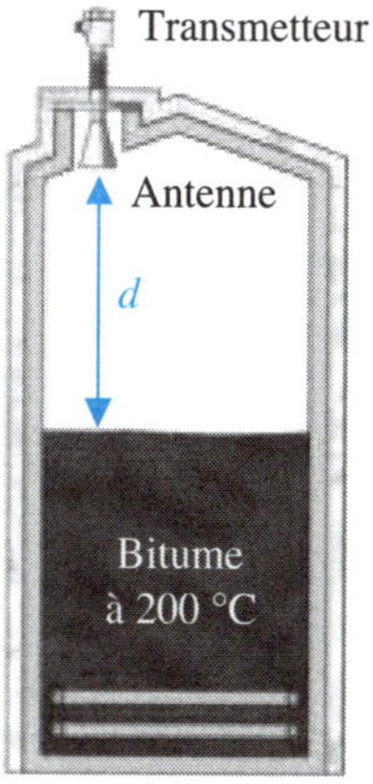

Figure 14.2 Sonde de niveau à radar. *Vega*

Le transmetteur mesure le temps t de propagation correspondant à la distance d entre l'antenne et la surface au produit tel que : $d = c \cdot t/2$.

La saisie des dimensions du réservoir permet par configuration d'obtenir un signal proportionnel au niveau ou au volume. Un réglage en réservoir vide ou plein n'est pas nécessaire.

> Les fréquences supérieures à 20 GHz permettent une bonne focalisation des signaux avec de très petites antennes, et, conduisent à une très haute précision de la mesure (jusqu'à ± 0,01 % soit ± 3 mm pour une mesure de 30 m). Les fréquences autour de 6 GHz permettent une mesure dont l'influence des colmatages, encrassements de produit sur l'antenne ou de la mousse à la surface du produit est en grande partie supprimée.

Applications

Cette technique de mesure s'applique à tous les liquides ou pulvérulents dans des conditions de processus les plus difficiles des industries les plus diverses : alimentaires, de production d'acier ou encore celles des traitements des minerais ou des plastiques.

En effet, les micro-ondes se propagent sans être influencées par la température, ou la pression ambiante, et ces capteurs fonctionnent sous des pressions, selon les modèles, allant du vide à 160 bars et des températures comprises entre – 40 et 400 °C.

Cette technique de mesure est indépendante de la poussière, des courants d'air provenant de remplissages pneumatiques, insensible au bruit de remplissage, aux variations dans la composition du produit ou des changements complets de produits, et aux mousses jusqu'à 100 mm d'épaisseur.

EXEMPLE

La figure 14.2 montre une mesure du niveau de bitume, un dérivé de la distillation de pétrole brut, stocké à environ 200 °C et dégageant du gaz.

Précautions de montage

Les antennes ont différentes formes selon l'application : antenne cône, bâton ou avec tube guide. Comme pour les sondes à ultrasons, le montage doit éviter tout obstacle provoquant des échos dans la zone de mesure, même si l'élimination d'échos parasites est possible par configuration logicielle pour certains transmetteurs.

3. Sonde à absorption de rayons gamma

Principe de mesure

Le principe de mesure par ***radio-isotopes*** est basé sur l'***absorption des rayons gamma*** lorsqu'ils traversent un produit.

Il peut s'appliquer à une mesure de niveau et à une mesure d'interface entre deux liquides (figure 14.3).

Une source radioactive et un transmetteur sont montés sur des côtés opposés d'un réservoir, de sorte que les deux liquides 1 et 2 soient traversés par les photons du rayonnement gamma. Le transmetteur calcule la position de l'interface à partir de l'intensité du rayonnement reçu ; elle se situe entre 0 %, position la plus basse, et 100 %, position la plus haute.

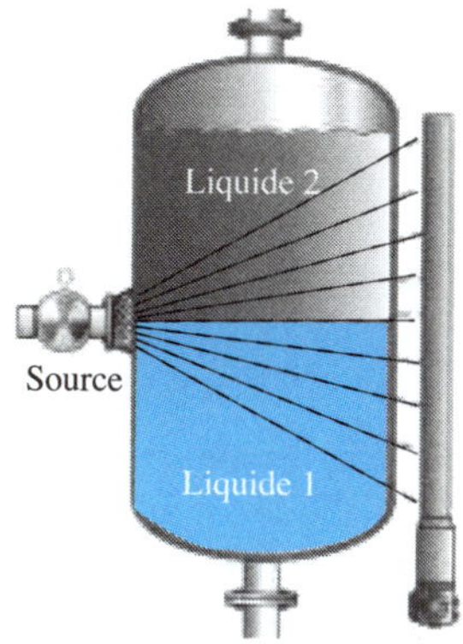

Figure 14.3 Mesure de niveau par radio-isotopes. *Endress + Hauser*

Ensemble de mesure radiométrique

Il se compose d'une ***source radioactive,*** un isotope Cs 137 ou Co 60 selon l'application, intégrée dans un ***conteneur de source*** radioactive, et d'un ***transmetteur.***

Le conteneur ne permet l'émission du rayonnement que dans une direction et protège toutes les autres directions.

Le transmetteur est composé d'un scintillateur, d'un photomultiplicateur et d'une électronique d'exploitation (figure 14.4). Le taux d'impulsion est converti par l'électronique en signal de niveau dont l'échelle maximale est d'environ 0 à 2 m.

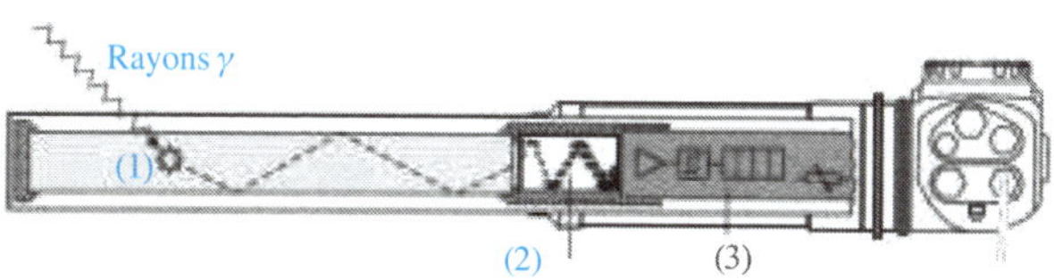

(1) : Les rayons gamma génèrent des éclairs de lumière dans le scintillateur

(2) : Le photomultiplicateur convertit ces éclairs en impulsions électriques et les amplifie

(3) : L'électronique calcule la valeur mesurée à partir du taux d'impulsion

Figure 14.4 Transmetteur à scintillateur. *Endress + Hauser*

Applications

Mesure continue sans contact dans les liquides, les solides, les suspensions ou les boues. Cette technique est utilisable sous des conditions de mesure extrêmes : haute pression, haute température, corrosivité intense, toxicité, abrasion. Et pour tous types et formes de cuves de processus, comme par exemple les réacteurs, autoclaves, séparateurs, cuves d'acide, mélangeurs ou cyclones.

L'utilisation dans des applications agroalimentaires ne demande ni exigences, ni agréments supplémentaires.

Précautions de montage

Chaque cas d'étude est unique et la mise en œuvre souvent complexe ; il est donc conseillé de consulter les équipes techniques spécialisées des constructeurs. L'emploi de toute source radioactive, même de faible puissance radioactive comme ici, est soumis à une autorisation de la DGSNR (Direction Générale de la Sûreté Nucléaire et de la Radioprotection).

EXERCICE 1 Capteur de niveau à ultrason

Sur la cuve centrale de la figure 14.1, on doit installer, à une distance x du bord de la cuve, le capteur en respectant à la fois les distances r et $l = 1/6$-D. On veut obtenir un signal 4 mA pour un niveau de liquide bas « a » et 20 mA pour un niveau haut « b ». Les côtes a et b ont pour référence le haut du serpentin (S) qui se situe à $L - c$ du capteur.

Données : $a = 0,1$ m ; $b = 3,7$ m ; $c = 0,6$ m ; $\alpha = 10°$; $DB = 0,2$ m ; $D = 1,9$ m ; $L = 4,8$ m.

1. La zone morte DB est-elle respectée ? Donner la distance × minimale à respecter.
2. Pour régler ce transmetteur, il faut configurer les distances 0 % et 100 % en unité physique. Donner ces valeurs H_0 et H_{100} (en m) à valider pour la configuration.

Solution

1. $DB_{restante} = L - c - b = 0,5$ m : la zone morte de 0,2 m est bien respectée.

Il faut : $x > l$ et $x > r$. On a : $l = 1/6 \cdot D = 0,32$ m et $r = (L - c - a) \cdot \tan(\alpha/2) = 0,36$ m.

Le calcul donne $x = 0,36$ m, l'installation pratique sera faite à environ 0,4 m.

2. Pour 4 mA : $H_0 = L - c - a = 4,1$ m. Pour 20 mA : $H_{100} = L - c - b = 0,5$ m.

Principe de mesure		Technique de mesure	Produit autorisé[1] : L, S, Cor, Col, Mou	Conditions processus[2] : P, T	E mini E maxi (m)	Mesure dépend de	Prix[3] : Achat Montage
Mesure de la pression	Mesure intrusive	méthode directe ou différentielle	L Cor, Col (±), Mou	– 1 à 420 bars – 40 à 400 °C	0 à 0,01 0 à 100	densité	1 à 2 1 à 3
	Mesure intrusive	bulle à bulle	L Cor, Mou	0 à 10 bars – 40 à 250 °C	0 à 0,2 0 à 20	densité	2 3
Principe d'Archimède	Mesure intrusive	système à plongeur	L Cor (±), Mou	– 1 à 420 bars – 210 à 450 °C	0 à 0,3 0 à 3	densité	5 2 à 3
Palpage	Mesure intrusive	palpeur électromagnétique	S Cor	– 0,2 à 2 bars – 20 à 230 °C	0 à 5 0 à 70		6 2 à 3
Principe du condensateur	Mesure intrusive	sonde capacitive	L, S Cor, Col (±), Mou	– 1 à 100 bars – 80 à 200 °C	0 à 0,15 0 à 32	diélectrique[4]	1 1
Réflexion de micro-ondes (radar)	Mesure intrusive	mesure du temps de retour écho micro-onde (câble)	L, S Cor, Col (±), Mou	– 1 à 400 bars – 200 à 400 °C	0 à 0,3 0 à 32	réflexion surface	3 1 à 2
	Mesure non intrusive	mesure du temps de retour écho micro-onde	L, S Cor, Col, Mou	– 1 à 160 bars – 60 à 400 °C	0 à 5 0 à 40	réflexion surface	4 1
Réflexion d'onde acoustique	Mesure non intrusive	mesure du temps de retour d'un écho ultrasonore	L, S Cor, Col	– 0,3 à 3 bars – 40 à 150 °C	0 à 2 0 à 32	réflexion surface	3 1
Absorption de rayonnement gamma	Mesure non intrusive	détecteur à scintillation	L, S Cor, Col, Mou	limites du processus	0 à 0,3 0 à 2		10 8

1. Liquide (L), solide (S), corrosif (Cor), colmatant (Col), moussant (Mou).
2. Pression et température maximales d'utilisation. Consulter les fabricants pour les valeurs spécifiques d'un modèle.
3. Prix relatifs de 1 à 10 du capteur et du montage ; donnés pour une échelle de mesure moyenne et un montage standard.
4. Mesure indépendante du diélectrique ε_r si conductivité supérieure à un seuil de 30 $\mu S\ cm^{-1}$ à 100 $\mu S\ cm^{-1}$ selon capteur.

Fiche 15 Mesures de débit par pression différentielle

Les économies de matières premières, semi-finies, et d'énergie demandent une évaluation de plus en plus précise des quantités disponibles de la part des gestionnaires avec pour conséquence un nombre croissant d'installations de débitmètres. Le principe de mesure des débits par pression différentielle est utilisé industriellement pour un régime d'écoulement turbulent. Le cas de mesure de débit en régime laminaire reste très marginal et n'est pas abordé dans cet ouvrage.

1. Mesures du débit par la vitesse

Principe

La mesure de la pression dynamique P_d permet de connaître la vitesse U et d'en déduire le débit Q_v à l'aide de l'équation de continuité : $Q_v = S \cdot (2 \cdot P_d/\rho)^{0'5}$.

Tube de Pitot

La sonde de Pitot est insérée dans la conduite selon la figure 15.1. La pression dynamique P_d est obtenue en mesurant la différence entre les pressions statiques des points 1 et 2 par un capteur-transmetteur de pression différentielle. Les points 1 et 2 sont à la même altitude z : $P_{p1} = P_{p2} = \rho \cdot g \cdot z$.

Le point 1 est un point d'arrêt : $U_1 = 0$ et $P_{d1} = 0$.

L'équation de Bernoulli (*cf.* fiche 10) donne :

$$\Delta P = P_{s1} - P_{s2} = P_{d2} = 0,5 \cdot \rho \cdot U_2^2$$

$$\text{soit : } Q_v = S \cdot (2 \cdot \Delta P / \rho)^{0,5}$$

$$\text{ou } Q_v = k \cdot \sqrt{\Delta P}.$$

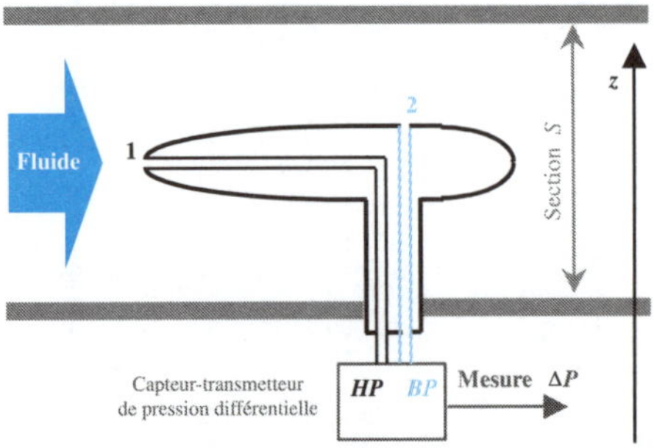

Figure 15.1 Sonde de Pitot

La sonde de Pitot peut être placée dans des conduites cylindriques, rectangulaires ou d'autres formes et dans de grandes dimensions, jusqu'à 3 ou 4 m2 si besoin.

Toutes les conditions d'application de mesure d'un débit par tube de Pitot sont décrites dans les normes NF X 10-112 et NF X 10-113.

Sonde Annubar

La sonde Annubar (figure 15.2) possède plusieurs orifices pour la prise de mesure de la pression dynamique ; la répartition de la vitesse débitante *U* dans la conduite est mieux prise en compte qu'avec la sonde de Pitot. C'est une sonde multipoint.

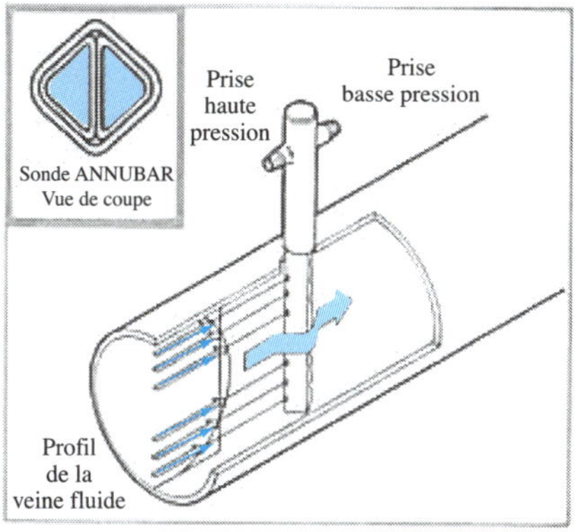

Figure 15.2 Sonde Annubar. *Auxitrol*

En fonction de la dimension de la conduite, un coefficient de sonde *K*, dépendant du positionnement et du nombre de ses orifices, est donné par le fabricant pour la détermination du débit à partir de la pression différentielle mesurée : $Q_v = K \cdot \sqrt{\Delta P}$.

En l'absence de normes concernant les sondes Annubar ; il est conseillé de se référer aux indications données par les fabricants.

2. Mesures de débit par organe déprimogène

Principe

Une restriction dans une conduite contracte la veine fluide et provoque un changement de la pression statique (figure 15.3). Cette dépression entre l'amont (1) et l'aval (2) de cette restriction, appelée ***organe déprimogène***, dépend du débit. L'équation de Bernoulli entre 1 et 2 est :

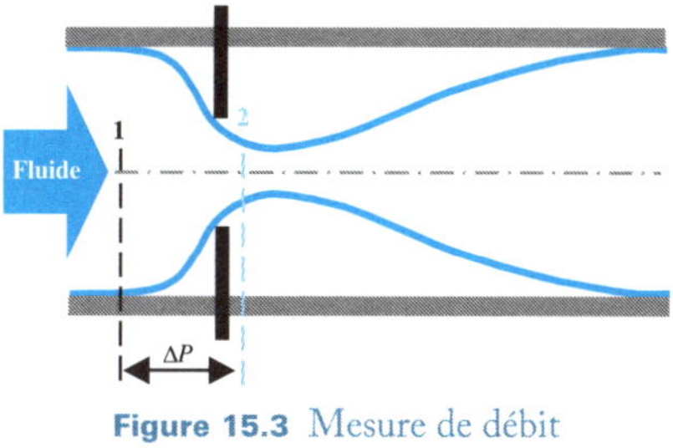

Figure 15.3 Mesure de débit par organe déprimogène

$P_{s1} + P_{d1} + P_{p1} = P_{s2} + P_{d2} + P_{p2}.$

On a $P_{p1} = P_{p2} = \rho \cdot g \cdot z$, la mesure de la différence des pressions statiques donne : $\Delta P = P_{s1} - P_{s2} = 0{,}5 \cdot \rho \cdot (S_2^{-2} - S_1^{-2}) \cdot Q_{v2}$, soit $Q_v = \sqrt{2 \cdot \Delta P / \rho \cdot (S_2^{-2} - S_2^{-2})}$, avec S_1 la section de la conduite et S_2 la section de passage de l'organe déprimogène.

Les différents organes déprimogènes

Il existe une multitude d'organes déprimogènes développés en fonction de besoins spécifiques ; diaphragme, tuyère et venturi sont les principaux (figure 15.4). Chacun de ces organes possède ses qualités et limites résumées dans le tableau 15.1, mais dans 85 % des cas, c'est le diaphragme, ou plaque à orifice, qui est utilisé, certainement par sa simplicité de fabrication, son prix et son interchangeabilité.

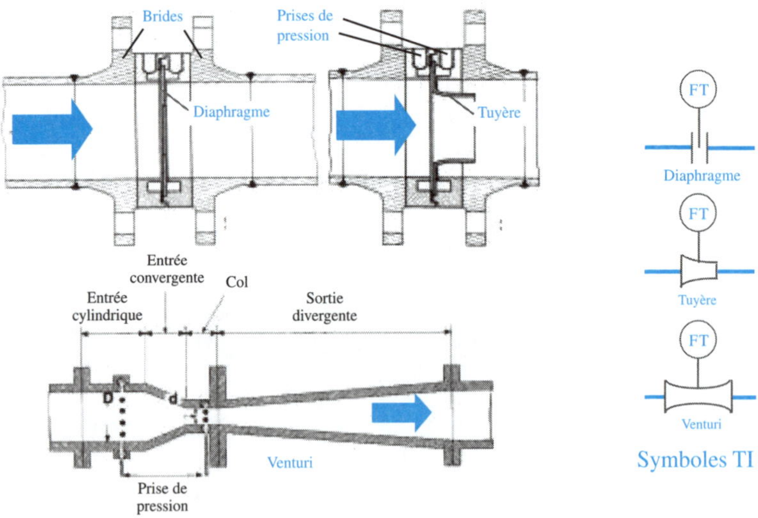

Figure 15.4 Diaphragme, tuyère et venturi

La forme des tuyères et des venturis perturbe moins la veine fluide que celle d'un diaphragme, et engendre ainsi de faibles pertes de charge et donc d'énergie.

Organes déprimogènes normalisés

Parmi tous les organes déprimogènes existants, seuls quelques diaphragmes, tuyères et venturis sont définis par la norme internationale ISO 5167.

Le calcul normalisé d'un organe déprimogène, consistant à définir le diamètre d, ou le rapport de voile β dépend de nombreux paramètres interdépendants.

À partir de l'équation théorique établie sans pertes de charges et pour un fluide parfait, la norme définit le débit masse par :

$$Q_m = C \cdot E \cdot \varepsilon \cdot \beta^2 \cdot \frac{\pi \cdot D^2}{4} \sqrt{2 \cdot \rho \cdot \Delta P)}.$$

C : coefficient de décharge qui dépend de l'organe déprimogène, défini depuis 1980 par l'équation de Reader et Harris-Gallagher à la place de la formule de Stolz.

E : coefficient de vitesse d'approche,

$$E = 1\sqrt{1-\beta^4} \text{ avec } \beta = d/D.$$

ε : coefficient de détente dépendant de la nature du fluide.

La complexité des équations de ces coefficients et de la résolution itérative de d nécessite l'utilisation des logiciels des constructeurs.

Un débitmètre à diaphragme peut être utilisé pour des transactions commerciales sans étalonnage préalable s'il est installé en respect des règles de la norme internationale ISO 5167. Les tuyères et les venturis sont limités à des problèmes très spécifiques et ne sont pas autorisés à ces transactions commerciales.

3. Les différentes mesures par ΔP

Le tableau 15.1 montre un aperçu des différentes possibilités des mesures de débit par pression différentielle.

Tableau 15.1. Spécificités des mesures de débit par pression différentielle

<table>
<tr><th></th><th>Pitot</th><th>Annubar</th><th>Diaphragme</th><th>Tuyère</th><th>Venturi</th></tr>
<tr><td>Viscosité ν</td><td>< 80 mPa.s</td><td>< 80 mPa.s</td><td>< 50 mPa.s</td><td>< 50 mPa.s</td><td>< 60 mPa.s</td></tr>
<tr><td>D en mm
Conduite (1)</td><td>10 à 4 000</td><td>15 à 1 800</td><td>4 à 2 000</td><td>10 à 1 000</td><td>10 à 1 200</td></tr>
<tr><td>Reynolds</td><td>> 1 000 000</td><td>> 50 000</td><td>> 5 000</td><td>> 20 000</td><td>> 200 000</td></tr>
<tr><td>Conditions
du procédé</td><td colspan="5">Pression statique jusqu'à 400 bars
Température jusqu'à 450 °C</td></tr>
<tr><td>Vitesse
d'écoulement</td><td colspan="2">Liquides : 0,025 à 40 $m.s^{-1}$
Gaz, vapeurs : 0,5 à 150 $m.s^{-1}$</td><td colspan="3">Liquides : 0,05 à 8 $m.s^{-1}$
Gaz, vapeurs : 1 à 60 $m.s^{-1}$</td></tr>
<tr><td>β (2)</td><td colspan="2"></td><td>0,2 à 0,75</td><td>0,2 à 0,8</td><td>0,3 à 0,75</td></tr>
<tr><td>Pression
différentielle</td><td colspan="2">Liquides : 5 à 80 mbar
Gaz : 0,5 à 80 mbar
Vapeurs : 3 à 50 mbar</td><td colspan="3">Liquides : 40 à 2 500 mbar
Gaz : 5 à 200 mbar
Vapeurs : 60 à 600 mbar</td></tr>
<tr><td>Longueurs (3)
amont/aval</td><td>20 à 50 D
5 D</td><td>7 à 20 D
3 D</td><td colspan="3">10 à 50 D (fonction de β et éléments en amont)
4 à 8 D</td></tr>
<tr><td>Précision (4)</td><td>± 2 % mesure</td><td>± 1 % mesure</td><td>± 1 % mesure</td><td colspan="2">± 0,5 à 1,5 % mesure</td></tr>
<tr><td>Perte de
charge (5)</td><td>0,1 ΔP</td><td>0,1 ΔP</td><td>0,3 à 0,8 ΔP</td><td>0,2 à 0,7 ΔP</td><td>0,05 à 0,2 ΔP</td></tr>
<tr><td>Prix relatif</td><td>1</td><td>1</td><td>1,5</td><td>3</td><td>3,5</td></tr>
<tr><td colspan="6">Note 1 : D diamètre interne. Section rectangulaire possible pour Pitot et Annubar.
Note 2 : $\beta = d/D$ avec d le diamètre au niveau de la restriction.
Note 3 : longueurs droites minimales à respecter en amont et en aval de l'élément.
Note 4 : pour la précision annoncée, la rangeabilité de mesure (cf. fiche 5) est de 3,5 : 1.
Note 5 : valeur observée de la perte de charge non récupérée : elle dépend de β et de ΔP.</td></tr>
</table>

4. Montage du capteur-transmetteur

Il est très important pour garantir la précision de mesure que l'installation de l'élément primaire sur la conduite respecte les stipulations de la norme ou à défaut celles données par le fabricant, et notamment les longueurs droites de conduite en amont et en aval de cet élément. Le ***montage du capteur-transmetteur*** de pression différentielle est primordial puisqu'un instrument mal monté, donnera des mesures erronées et infidèles (*cf.* fiche 4) et, en conséquence induira une mauvaise estimation des quantités mises en jeu. La mise en œuvre et la vérification du capteur de ΔP sur le procédé nécessite un ensemble de vannes manuelles appelé manifold (figure 15.5). Les vannes 1 et 3 servent à isoler le capteur du procédé et la vanne 2 est une vanne d'équilibrage des pressions permettant de vérifier le zéro (*cf.* fiche 5).

Règle générale d'implantation du capteur de ΔP	
Par rapport à l'organe, le capteur de ΔP est placé :	
Au-dessous afin d'éliminer les bulles de gaz	Liquide
Au-dessous des chambres de condensation situées au-dessus de la conduite	Vapeur
Au-dessus de l'organe ou au-dessous avec des dispositifs de condensation	Gaz humide
Indifféremment au-dessus ou au-dessous	Gaz sec

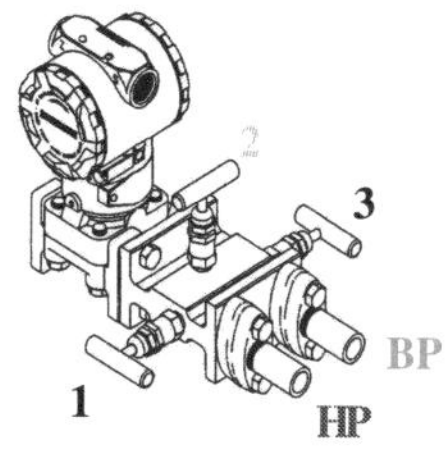

Figure 15.5 Manifold.
Rosemount

Exercice 1 Mises au point

1. Un diaphragme est équipé d'un capteur-transmetteur de ΔP réglé de 0 à 400 mbar et constitue un débitmètre de 0 à 5 $m^3 \cdot h^{-}1$. Quel est le coefficient k de débit de ce diaphragme ? Quel est le débit volume Qv pour une ΔP mesurée de 100 mbar ?
2. **Vrai ou faux ?** Pourquoi ?

1. La relation entre le débit volume et la différence de pression engendrée par un organe déprimogène est pratiquement linéaire.
2. Si le débit varie de 25 % à 50 %, la différence de pression mesurée varie de 6,25 % à 25 %.
3. Une mesure de débit par diaphragme se fait en régime d'écoulement turbulent.
4. Un venturi sur une conduite de section rectangulaire donne une mesure de débit plus précise qu'avec une sonde Annubar.
5. La mesure du débit par sonde de Pitot dépend de la valeur de la section de la conduite.
6. Le capteur-transmetteur de ΔP se place en dessous de l'organe déprimogène pour les mesures de débit des liquides.

Solution

1. $k = Q_v / \sqrt{\Delta P} = 5/\sqrt{400}$ soit $k = 0{,}25\ m^3 \cdot h^{-1} \cdot mbar^{-0{,}5}$.

Le débit est : $Q_v = 0{,}25\sqrt{100}$ soit $Qv = 2{,}5\ m^3 \cdot h^{-1}$.

2. 1) Faux : $Q_v = K \cdot \sqrt{\Delta P}$. **2) Vrai** : $\Delta P_{(\%)} = Q^2_{v(\%)}$. **3) Vrai. 4) Faux** : un venturi ne fonctionne que sur une conduite cylindrique. **5) Vrai** : le Pitot donne la vitesse U et $Q = S \cdot U$. **6) Vrai.**

Fiche 16 Mesures de débit par méthode directe

Pour toute industrie, connaître les quantités stockées, en fabrication ou en livraison est économiquement primordial. La mesure de débit est donc très répandue industriellement et ses techniques nombreuses. Par souci de concision, cet ouvrage se limite à présenter une sélection des cinq débitmètres les plus utilisés : trois, indiquant une mesure du débit volume, deux, une mesure du débit masse.

Lorsque la densité d'un fluide est constante, la mesure du débit volume correspond au débit masse par simple calcul (*cf.* fiche 10). Lorsque le fluide a une densité fluctuante ; elle peut être mesurée puis multipliée au débit volume pour obtenir le débit masse. La pression et la température d'un gaz influent sur sa densité et la mesure de ces deux grandeurs permet d'établir par calcul le débit masse.

1. Débitmètre électromagnétique

Principe

Le fluide électriquement conducteur s'écoule à la vitesse V perpendiculairement à un champ magnétique B engendré par deux bobines d'induction. Une tension U_e, induite par ce champ est captée par deux électrodes distantes d'une longueur L (figure 16.1). La loi de Faraday conduit a : $U_e = L \cdot B \cdot V$.

Le transmetteur délivre un signal de mesure (4 – 20 mA) proportionnel au ***débit volume.***

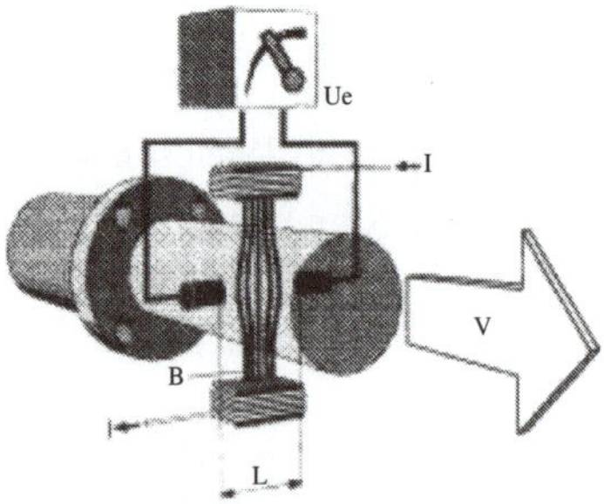

Figure 16.1 Débitmètre électromagnétique. *Endress et Hauser*

Application générale

Interdit aux gaz et vapeurs, ce débitmètre est réservé aux liquides de conductivité supérieure à 1 mS · cm^{-1}. Les nombreux revêtements possibles permettent de s'adapter aux liquides visqueux, pâteux, chargés d'impuretés, corrosifs ou abrasifs. Très utilisé dans les industries de l'eau et de l'alimentaire.

Précautions de montage

Tous les débitmètres doivent être montés en « charge », c'est-à-dire que leurs conduites doivent toujours rester pleines (en liquide).

Pour obtenir une mesure précise, il faut éviter toute corrosion galvanique aux électrodes en reliant au même potentiel le capteur et le liquide.

2. Débitmètre à effet vortex

Principe

À partir d'une certaine vitesse, lorsqu'un fluide rencontre un obstacle, des tourbillons, appelés vortex, se forment puis se détachent sur les côtés en générant des variations de pression (figure 16.2). Les variations oscillatoires de pression sont détectées par un capteur piézoélectrique situé sur l'obstacle permettant le comptage des vortex. Le nombre de vortex générés par unité de temps est proportionnel à la vitesse débitante *U* moyenne. Le signal de mesure (4 – 20 mA) du transmetteur est proportionnel au débit volume.

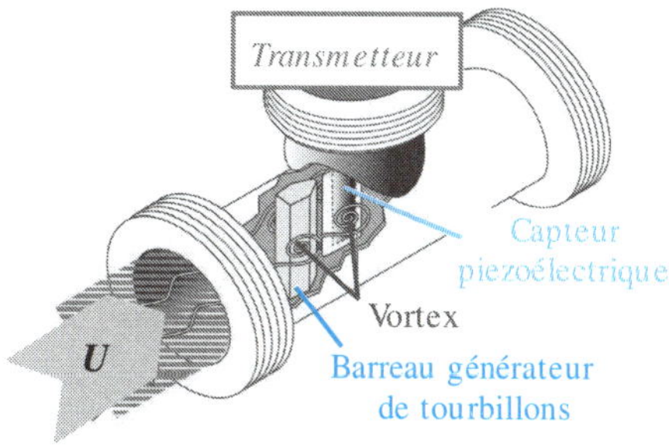

Figure 16.2 Débitmètre à effet vortex. *Georg Fischer*

Application générale

Le capteur étant isolé à l'extérieur de la conduite, ce débitmètre peut être utilisé dans des conditions sévères ; il tolère températures et pressions aussi bien hautes que basses. Capable de mesurer des débits de liquide, gaz et vapeur, son domaine d'applications est vaste. Il concurrence les organes déprimogènes par une rangeabilité (*cf.* fiche 5) bien meilleure et une installation et un entretien moins contraignants, notamment pour les débits de vapeur ou de gaz chargés en particules.

Précaution de montage

Le principe même de ce débitmètre exige impérativement un profil d'écoulement complètement développé : la section de conduite droite en amont du débitmètre doit être suffisamment longue (entre 15 à 40 fois le diamètre de la conduite). En cas de manque d'espace, un tranquillisateur de débit placé en amont permet de limiter la longueur droite de 8 à 10 fois le diamètre.

3. Débitmètre à ultrason

Principe

Le temps de parcours d'une onde ultrasonore se propageant à la vitesse C obliquement d'une sonde A à une sonde B (figures 16.3) par rapport à l'axe de l'écoulement du fluide dépend de la vitesse U de ce fluide : $t_{AB} = \dfrac{L}{C - U \cdot \cos\alpha}$.

Le temps t_{BA} est : $t_{BA} = \dfrac{L}{C + U \cdot \cos\alpha}$.

La différence entre les temps t_{AB} et t_{BA} donne : $U = \dfrac{C}{\cos\alpha} \cdot \dfrac{t_{AB} - t_{BA}}{t_{AB} + t_{BA}}$ et $Q_v = S \cdot U$.

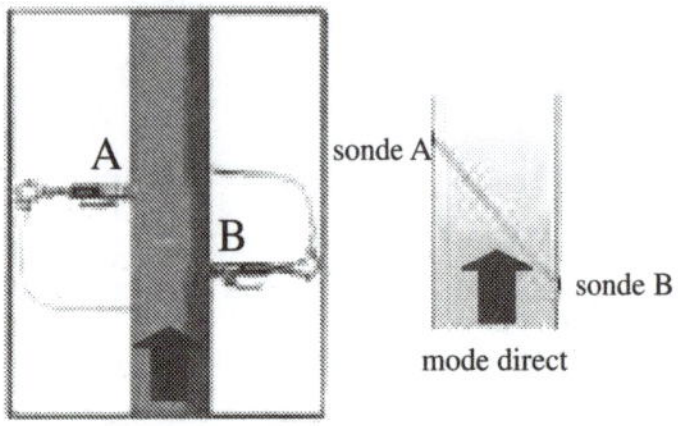

Figure 16.3 Débitmètre à ultrason : mode direct. *Endress et Hauser*

Le transmetteur délivre un signal (4 – 20 mA) de mesure proportionnelle au ***débit volume.***

Application générale

Applicable à des écoulements laminaires ou turbulents sans contact avec le fluide. En ***sondes externes*** démontables (figure 16.4) c'est la seule possibilité de mesurer un débit sans aucune modification de la conduite, et donc sans l'arrêt du procédé. Adaptable à plusieurs diamètres de conduite, elle permet de connaître avec précision l'étendue des variations d'un débit, et par conséquent la vérification d'un débitmètre monté en ligne ou le dimensionnement d'un futur débitmètre à installer.

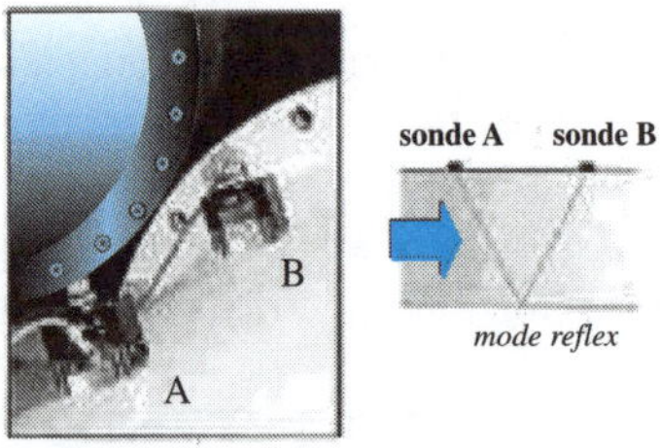

Figure 16.4 Débitmètre à ultrason : mode reflex. *Endress et Hauser*

En ***sondes internes*** à insertion, elle est économique pour les diamètres importants (supérieur à 400 mm).

Précaution de montage

Il existe deux sondes différentes : en montage interne ou en montage externe. Les sondes externes sont fixées à l'extérieur de la conduite à titre provisoire ou définitif : les règles d'installations recommandées par le fabricant doivent être scrupuleusement respectées pour obtenir la précision annoncée.

4. Débitmètre à effet de Coriolis

Principe

Le fluide circule dans le tube (courbé) de mesure soumis à une excitation vibratoire. Cette vibration engendre une force de Coriolis F_c s'exerçant sur la masse M du fluide présent dans le tube (figure 16.5).

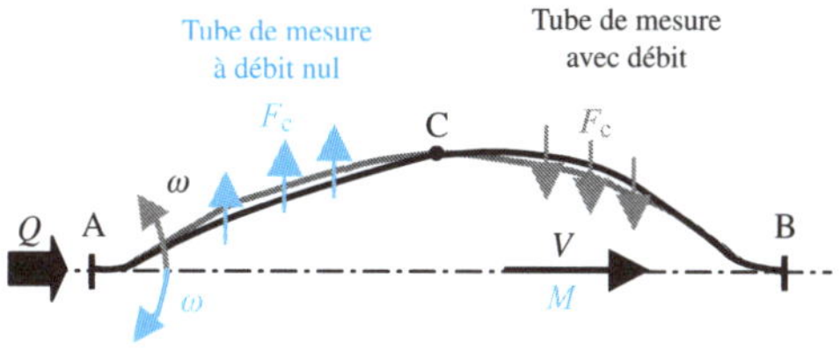

Figure 16.5 Effet de Coriolis sur un tube courbe

La force de Coriolis est : $F_c = -2 \cdot M \cdot \omega \cdot V$, ω étant la vitesse angulaire du tube due à l'excitation vibratoire. Cette force est proportionnelle au produit $M \cdot V$ donc au débit masse Q_m. En mesurant la légère déformation du tube soumis à cette force de Coriolis, on obtient la mesure du débit masse Q_m. Le signal de mesure (4 – 20 mA) délivré par le transmetteur est proportionnel au ***débit masse.***

Le tube de mesure vibre à sa fréquence de résonance, et dès que la masse M. change, elle modifie les oscillations de l'ensemble tube et fluide, et la fréquence s'autorégule automatiquement. Le fait que la fréquence de résonance soit fonction de la densité du fluide est exploité pour obtenir un signal proportionnel à la densité.

Le débitmètre à effet de Coriolis fournit deux mesures indépendantes : celle du débit masse, de la densité, de la viscosité et de la température, et peut faire du comptage également.

Application générale

Ce débitmètre mesure le débit masse, mais aussi la masse volumique ou la densité, et la température du fluide, indépendamment de la nature, de la composition, de la viscosité, de la température et de la pression du fluide. Il est utilisé sur des produits comme : chocolat, margarine, yaourt, huile d'olive, pétrole, pâte à papier, boues abrasives, gaz. Il est souvent choisi comme densimètre en ligne.

Particularité de montage

Le montage de ce débitmètre exige que la conduite et les supports soient exempts de toute contrainte mécanique. Aucune longueur droite requise ni en amont ni en aval.

5. Débitmètre thermique

Principe

Dans la section de mesure, le fluide passe sur deux thermorésistances (figure 16.6), l'une d'entre elles sert de sonde de température, l'autre d'élément chauffant régulé à une différence de température constante par rapport à la température du fluide mesurée. L'intensité mesurée du courant pour maintenir cette température constante est d'autant plus grande que le débit masse est grand, et donne de ce fait une mesure directe du débit masse.

Le transmetteur délivre un signal (4 – 20 mA) proportionnel au ***débit masse.***

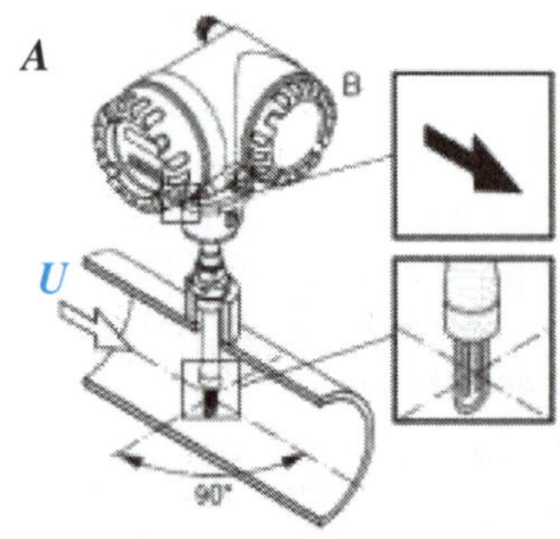

Figure 16.6 Débitmètre thermique. *Endress et Hauser*

Application générale

L'écoulement doit être laminaire. Les mesures les plus usuelles sont sur les gaz ou sur l'air comprimé dans des domaines variés comme les industries pharmaceutiques et agroalimentaires. Les mesures des liquides sont effectuées sur des plages faibles.

Particularité de montage

En règle générale, on peut monter ce débitmètre sur une conduite horizontale, verticale ou oblique.

Dans le cas d'un gaz très humide ou saturé en vapeur d'eau (comme le biogaz), il faut isoler la conduite et le boîtier du capteur, afin que les gouttelettes d'eau ne puissent pas condenser sur l'élément sensible.

Dans le cas de sonde à insertion (figure 16.6), les positions à respecter pour le sens d'écoulement (flèche) et l'orientation de l'élément chauffant sont indiquées : tout écart peut engendrer des erreurs.

6. Spécificité des différents débitmètres

Le tableau 16.1 montre un aperçu global des débitmètres principaux.

Les technologies évoluant rapidement ; la consultation des fabricants est indispensable pour l'approfondissement spécifique à chaque application et pour chiffrer le coût.

Tableau 16.1. Spécificités des principaux différents débitmètres

	Electro-magnétique	Ultrason	Vortex	Coriolis	Thermique
Symbole TI f1 : forme 1 f2 : forme 2	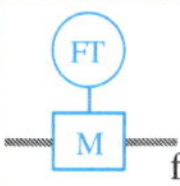 f1	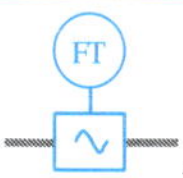 f1	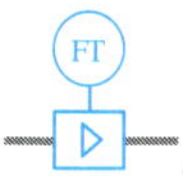 f1	 f1	 f2
Mesure du	Débit volume			Débit masse	
Liquide (1)	P, Ch, Vi, Co	P, pCh, Vi, Co	P, pCh, Co	P, Vi, Co	P, pVi, Co
Gaz (1)		P, Ch	P, pCh	P, Ch	P, pCh
Vapeur		Oui (±)	Oui	Oui (±)	
Reynolds	> 25	> 5 000	> 5 000		25 à 4 000

	Electro-magnétique	Ultrason	Vortex	Coriolis	Thermique
Vitesse Liquide/gaz	0,25 à 12 m.s^{-1}	0,5 à 20 m.s^{-1}	0,5 à 8 m.s^{-1} 6 à 150 m.s^{-1}		
D en mm Conduite (2)	2 à 3 000	15 à 4 000	15 à 500	1 à 350	2 à 2 000
Longueurs (3) amont/aval	5·*D* 3·*D*	15 à 40·*D* 5 à 10·*D*	15 à 50·*D* 5·*D*	Aucunes imposées	15 à 20·*D* 2 à 5·*D*
Perte de charge (4)	Très faible	Très faible ou nulle (4)	Faible	Faible à très faible	Très faible
Précision (% de mesure)	± 0,3 à 1 %	± 1 à 3 %	± 0,25 à 1 %	± 0,1 à 0,4 %	± 1 à 2 %
Rangeabilité	10 à 20 : 1	20 à 100 : 1	15 à 20 : 1	40 à 100 : 1	20 à 100 : 1
Prix relatif	2	3	2	5	2

(1) P (propre), Ch (chargé), Vi (visqueux), Co (corrosif), p (peu).
(2) *D* diamètre interne. Section rectangulaire possible pour le thermique.
(3) longueurs droites minimales à respecter en amont et en aval de l'élément.
(4) la perte de charge dépend de la vitesse. Nulle pour une sonde à ultrason externe.

Exercice 1 Débitmètrie en six questions

Vrai ou faux ? Pourquoi ?

1. Tous les débitmètres, cités dans cette fiche, peuvent mesurer un débit d'eau.
2. Tous les débitmètres, cités dans cette fiche, peuvent mesurer un débit de vapeur.
3. La mesure du débitmètre à effet vortex doit se faire en régime laminaire.
4. Le seul débitmètre à mesurer la densité est le débitmètre à effet de Coriolis.
5. La mesure d'un débitmètre ultrasonique dépend de la température du fluide.
6. La mesure du débit masse d'un débitmètre thermique est erronée si la composition du gaz change.

Solution

1. Vrai : eau conductrice pour le débitmètre électromagnétique. **2. Faux. 3. Faux** : Re > 5 000. **4. Vrai. 5. Vrai** : la célérité du son dans le fluide dépend de la température. **6. Vrai** : la composition du gaz influe sur sa chaleur spécifique dont la mesure du débit dépend.

Vannes de régulation

Fiche 17

1. Présentation

Rôle

C'est un ***organe réglant*** qui permet de contrôler de façon progressive le débit d'un fluide, le signal de commande provenant du système de contrôle du processus.

L'énergie nécessaire est pneumatique (air ou gaz), hydraulique ou électrique ; seules les vannes de régulation, à servomoteur pneumatique sont abordées dans cet ouvrage.

Constitution

Une vanne de régulation est constituée de trois parties ; le ***corps*** où circule le débit du fluide à contrôler, le ***servomoteur*** où s'exerce la commande, et l'***arcade*** reliant ces parties. La figure 17.1 montre une vanne à clapet munie d'un servomoteur pneumatique à simple effet, fermée lorsque la ***commande d'air*** est minimale. Lorsqu'on augmente la pression de commande, les ressorts se compriment et tirent la ***tige du clapet*** vers le haut. Le ***clapet*** libère ainsi une partie de l'ouverture au ***siège,*** et par conséquent un certain débit du fluide. La pression du fluide évolue de P_1 à P_2, avec une chute de pression maximale au niveau du siège, et une chute résiduelle de pression ΔP_v dépendant de la forme interne du corps.

Le ***presse-étoupe*** sert à l'étanchéité entre l'intérieur et l'extérieur du corps et à la lubrification de la tige de clapet.

L'***index*** montre le pourcentage d'ouverture.

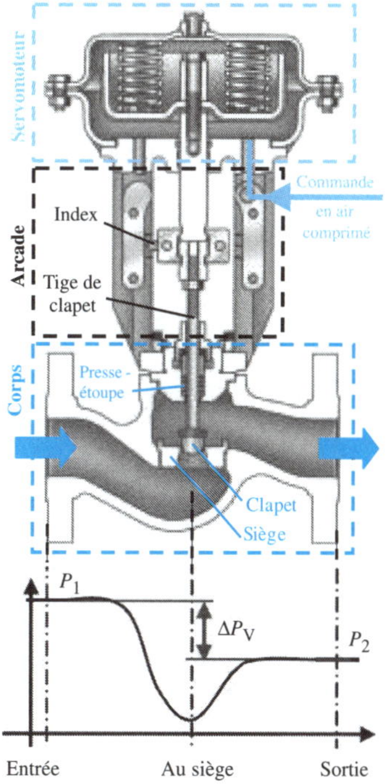

Figure 17.1 Vanne droite à clapet. *Fisherv*

Choix du corps de vanne

Les formes de corps et de siège-clapets sont nombreuses, et le ***choix*** s'effectue en fonction de la nature du fluide : liquide, gaz, biphasique, et chargé ou non en particules solides. La viscosité est un facteur primordial puisqu'elle influence l'écoulement. Les fluides corrosifs et abrasifs conduisent au choix du matériau à adapter (acier inox, acier stélité ou avec revêtement spécifique en PTFE, ou verre) et devant résister aux variations de température. La tenue à la pression maximale est un critère de sélection du corps de vanne ; au-dessus de 100 bars, peu de vannes résistent (tableau 17.1). La pression de vaporisation P_v du liquide peut exiger un C_f (ou F_L) minimal (voir chapitre 4). Les fabricants précisent la vitesse maximale du fluide pour chaque vanne et diamètre nominal DN de la conduite.

Tableau 17.1. Résumé des possibilités des principaux corps de vanne de régulation

Les valeurs données sont typiques : consulter les fabricants selon le modèle choisi.

	Vannes droites ou globes : Mouvement linéaire du clapet			**Vannes rotatives : Mouvement rotatif (0 à 90°) du clapet**		
	à simple siège	**à cage**	**d'angle à clapet**	**à obturateur excentré**	**à boisseau sphérique**	**à papillon**
Pression maximale (bar)	16 à 50	420	400	20 à 100	65	50
DN mini (mm) DN maxi (mm)	15 400	25 600	15 300	25 250	10 1 500	25 3 000
C_v relatif (1) : C_v/DN^2 (DN en mm)	0,018	0,022	0,036	0,019	0,042	0,04
C_f à $C_{v\ maxi}$ (2) C_f à 50 % $C_{v\ maxi}$	0,93 0,82	0,90 0,95	0,85 0,80	0,76 0,82	0,60 0,73	0,66 0,83

En bleu : ni fluides visqueux, ni fluides chargés*. * ± pour les vannes droites simple siège.

(1) D'après la norme CEI 60534 les vannes ont une précision raisonnable pour une valeur inférieure à 0,047.

(2) Le facteur de récupération C_f (ou F_L) évolue entre 0 et 1 : donné ici pour 50 % et 100 % du C_v maxi.

Servomoteur pneumatique

Le servomoteur doit avoir une puissance suffisante pour vaincre la force développée par la pression du fluide sur le clapet, à l'ouverture comme à la fermeture, c'est pourquoi les fabricants indiquent la pression d'alimentation nécessaire du ***servomoteur*** en fonction de la ***pression maximale admissible*** du fluide. Le ***sens d'action*** d'une vanne peut être modifié par inversion du sens pour un servomoteur réversible sur les vannes droites et par changement de position du servomoteur sur les vannes à déplacement rotatif (à obturateur excentré, à boisseau ou à papillon). En fonction du montage choisi, l'absence de la pression de commande conduit à une vanne normalement ouverte (NO) ou à une vanne normalement fermée (NF).

Accessoires

Les fonctionnalités optionnelles sont :
- une ***commande manuelle*** permettant à un opérateur d'agir directement sur l'ouverture de la vanne quelle que soit la pression de commande ;
- un ***positionneur*** réalisant l'asservissement de position du clapet (*cf.* fiche 18) ;
- un ***recopieur de position*** pour informer à distance de la position du clapet ;
- un ***contacteur*** de début ou de fin de course du clapet en contrôle de sécurité.

2. Caractéristiques d'une vanne

Caractéristique intrinsèque

Appelée aussi loi de débit, la ***caractéristique intrinsèque*** d'une vanne de régulation est la relation entre le débit Q et la course h du clapet, pour une ***pression différentielle constante*** aux bornes de la vanne.

Cette caractéristique est liée technologiquement à la forme du clapet ou des orifices de la cage. Les trois lois principales sont : ***linéaire, égal pourcentage,*** et ***ouverture rapide*** (figure 17.2). La loi ***throttle,*** ou égal pourcentage modifié, a une caractéristique moins prononcée que la loi égal pourcentage.

Caractéristiques :

Linéaire : la relation entre la course et le débit est linéaire. Égal pourcentage (= %) : La relation est exponentielle ; $Q = Q_0 \cdot e^{n.h}$, Q_0 étant le débit minimal contrôlable et n le coefficient propre à la vanne. Les accroissements égaux de la course relative *h* fournissent des accroissements d'égal pourcentage du débit *Q* relatif.

Loi ouverture rapide (OR) ou tout ou rien : plus de 50 % du débit est libéré sur le premier tiers de la course.

> L'appellation courante « ouverture rapide » ne correspond pas à un temps de réponse court, mais à un fonctionnement proche du « tout ou rien ».

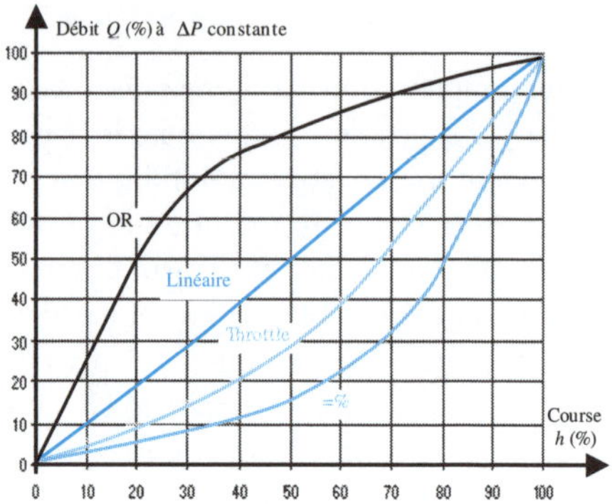

Figure 17.2 Caractéristiques ou lois intrinsèques

Caractéristique installée et autorité d'une vanne

La ***caractéristique installée*** est la loi liant le débit *Q* à la course *h* du clapet de la vanne installée et fonctionnant dans les conditions du processus, notamment avec une ***pression différentielle non constante*** car dépendant du circuit résistant. La figure 17.3 montre l'exemple courant d'une vanne de régulation montée en série dans un circuit hydraulique ; le but étant de régler le débit en maintenant une pression utile suffisante pour le procédé (*cf.* fiche 1).

Dans un ***circuit série***, l'***autorité*** *a* d'une vanne est :

$$a = \frac{\Delta P_v}{\Delta P_v + \Delta P_{R1} + R_2}$$

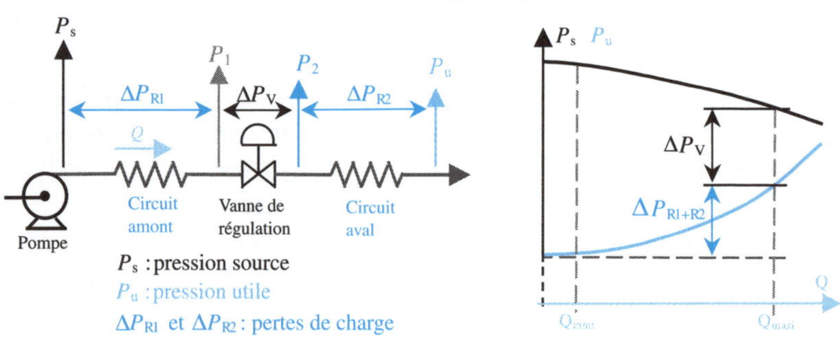

Figure 17.3 Vanne de régulation en circuit série

Un compromis satisfaisant est de choisir une vanne telle que $a = 0,5$, c'est-à-dire absorbant la moitié de la perte de charge totale au débit maximal Q_{maxi}. En effet, plus le circuit résistant absorbe de la pression, moins la vanne a de ***l'autorité*** sur le circuit. Si la vanne assure presque toute la perte de charge, alors il y a une dépense d'énergie importante et inutile.

La ***caractéristique installée*** est d'autant plus déformée par rapport à la ***caractéristique intrinsèque*** que l'autorité est petite (figure 17.4).

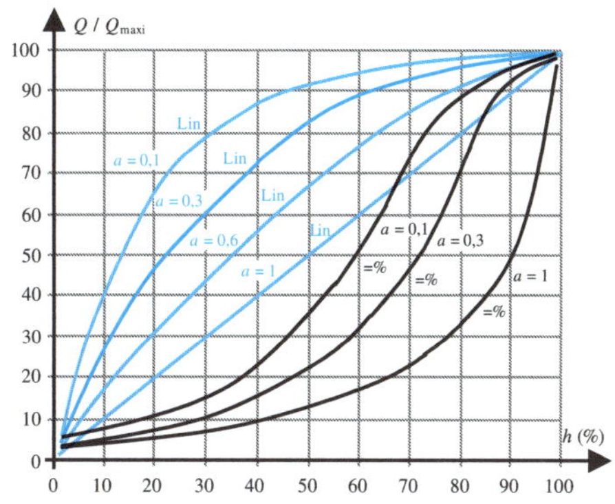

Figure 17.4 Circuit en série. Autorités *a* et caractéristiques installées : linéaire (Lin) et égal pourcentage (= %)

Une autorité $a = 1$ équivaut à la caractéristique intrinsèque, mais est impossible en caractéristique installée.

Choix d'une caractéristique

La caractéristique se choisit de façon à garder constant le gain statique du procédé (*cf.* fiche 20). La méthode du choix est présentée par la fiche 18 des positionneurs.

3. Coefficient de débit

Pour un approfondissement, consulter la norme EN 60534-2-1 de 1999 traitant des équations de dimensionnement des vannes de régulation des processus industriels.

Recensement des conditions de service

Pour déterminer le coefficient de débit utile d'une vanne il faut ***recenser les conditions de service*** : pression $\boldsymbol{P_1}$ en amont (bar abs), pression $\boldsymbol{P_2}$ en aval (bar abs), débit volume maximal Q ($m^3 \cdot h^{-1}$), densité d et température de service du fluide.

Lorsqu'un ou plusieurs de ces renseignements manquent ou sont erronés, la vanne risque d'être soit trop petite, et n'assurera pas le débit attendu et créera une trop grande perte de charge, soit trop grande, et provoquera une discontinuité de fonctionnement conduisant à une instabilité de régulation (*cf.* fiche 21).
Dans plus de 70 % de ces cas, la vanne dimensionnée est trop grande ; les éléments inconnus ou mal connus étant souvent estimés maladroitement.

Coefficients de débit C_v et K_v

Qu'il s'agisse d'un liquide ou d'un gaz, le coefficient de débit C_v d'une vanne est un coefficient indiquant la capacité d'écoulement et qui permet de trouver la dimension, notamment son diamètre nominal DN, d'une vanne auprès de tout fabricant. Les C_v sont compris globalement entre 10^{-6} pour les microvannes de dosage et 10^6 pour les vannes de grande capacité utilisées sur les pipelines ou les barrages.

Coefficient de débit C_v : c'est le nombre de gallons US (3,785 L) d'eau à 15 °C traversant en une minute une vanne lorsque la chute de pression ΔP au passage de cette restriction est de 1 psi (0,069 bar), soit $C_V = Q\sqrt{\dfrac{d}{\Delta P}}$ avec $\Delta P = P_1 - P_2$.

Pour les liquides : à partir des données recensées ci-dessus dans les unités industrielles européennes (Q en $m^3 \cdot h^{-1}$ et ΔP en bar), on a : $C_v = 1{,}16 \cdot Q\sqrt{\dfrac{d}{\Delta P}}$.
L'unité du C_v n'est implicitement jamais mentionnée car peu pratique.

Pour les gaz : $C_V = \dfrac{Q}{295}\sqrt{\dfrac{d \cdot T}{\Delta P(P_1 + P_2)}}$ avec P_1 et P_2 (bar abs), débit volume Q ($m^3 \cdot h^{-1}$) et densité d à 15 °C et à 1 013 mbar abs, température T absolue en kelvin.

Coefficient de débit K_v (ou parfois K_{vs}) : c'est le nombre de m^3 d'eau à 15 °C traversant en une heure une vanne lorsque la chute de pression ΔP au passage de cette restriction est de 1 bar, soit : $K_V = Q\sqrt{\dfrac{d}{\Delta P}}$ avec $\Delta P = P_1 - P_2$.

Correspondance entre C_v et K_v : $C_v = 1{,}16 \cdot K_v$ et $K_v = 0{,}86 \cdot C_v$

Choix du C_v nominal

Afin de garder une réserve de fonctionnement, on pondère par $\alpha = 1{,}25$ le $C_{v\,maxi}$ calculé pour une loi linéaire et par $\alpha = 1{,}4$ pour une loi exponentielle.

On cherche ensuite le C_v proposé dans les gammes des constructeurs correspondant au moins à ce $C_{v\ nominal}$. À partir de la rangeabilité de la vanne choisie, vérifier que le $C_{v\ mini\ contrôlable}$ est bien inférieur au $C_{v\ mini}$ à contrôler, sinon trouver une autre vanne.

> Le diamètre nominal DN d'une vanne de régulation doit toujours être inférieur ou égal au diamètre de ligne sur laquelle elle est installée, jamais supérieur.

Détermination de C_V : une vanne doit faire passer un débit maximal de 16 L · s^{-1} d'eau à 30 °C en absorbant une chute de pression de 10 bars. On calcule :

$$C_{v\ max} = 1{,}16 \times 16 \times 10^{-3} \times 3600,\sqrt{\frac{1}{10}} \text{ soit } C_{v\ maxi} = 21{,}1.$$

Pour une loi de vanne linéaire ($\alpha = 1{,}25$), il faut trouver un C_v nominal = 26,4. Le catalogue d'un constructeur proposant des C_v de 14, 20, 30 ou 50 ; on choisit alors le C_v de 30.

Surdimensionnement : si le débit est mal estimé à 20 L · s^{-1} pour une ΔP de 8 bars, la chute de pression baissant souvent avec le débit, alors on a $C_{v\ maxi} = 29{,}5$. Le $C_{v\ nominal} = 36{,}9$ conduit à un choix de C_v de 50 pour cette vanne. La vanne est trop grande de 66 % !

Rangeabilité

Le coefficient de réglage ou ***rangeabilité*** est :

$$r = \frac{C_{v\,maxi\ contr}}{C_{v\,mini\ contr}},$$

le terme contrôlable précisant le respect de la caractéristique de la vanne. Les valeurs annoncées par les constructeurs sont celles de la rangeabilité intrinsèque qui indique la finesse de réglage de la vanne à faible débit ; une fois sur le processus, la rangeabilité installée de la vanne est réduite.

Mauvais	Moyen	Bon	Très bon	En exécution spéciale pour des micros-vannes
$r < 20$	50 à 60	80 à 100	150 à 200	500 à 1000

Figure 17.5 Rangeabilité intrinsèque

4. Cavitation et bruit

Phénomène de cavitation

Au passage au siège (figure 17.1) la vitesse du liquide augmente entraînant une baisse de pression. Lorsqu'elle est inférieure à la pression P_v de vaporisation du liquide, il y a formation de bulles de vapeur au sein du liquide.

À l'aval du siège, la pression remonte au-dessus de P_v provoquant l'implosion des bulles de vapeur : c'est la ***cavitation*** dont les effets dépendent de la perte de charge.

L'écoulement est critique si : $\Delta P \geq C_f^2 \cdot \Delta P_s$ (formule simplifiée) avec $\Delta P_S = P_1 - P_v$ et C_f (ou F_L) le coefficient de récupération de la vanne, donné par le fabricant.

Risques et inconvénients de la cavitation

L'implosion des bulles de vapeur crée des ***ondes de chocs*** pouvant produire des pressions de l'ordre de 7 000 bars générant des contraintes supérieures à la charge de rupture du métal du corps et du siège-clapet. Une vanne atteinte du phénomène de cavitation peut ***se détruire*** très rapidement (exemple : corps percé en 2 mois). Les fréquences élevées des ***vibrations*** générées désolidarisent la tige du clapet, et desserrent les éléments vissés du servomoteur et du positionneur. L'émission d'un ***bruit important*** semblable à celui que feraient des graviers transportés dans la tuyauterie est caractéristique de la cavitation. L'augmentation de la ΔP n'entraîne plus l'augmentation du débit ; c'est l'***engorgement de la vanne.***

Solutions envers la cavitation

- Choisir une vanne avec un meilleur coefficient C_f c'est-à-dire plus grand.
- Déplacer la vanne pour changer sa pression aval ou/et si possible où le fluide est plus froid pour abaisser la pression $\boldsymbol{P_v}$ de vaporisation.
- Créer une double détente en installant devant la vanne une plaque dite « à trous » dimensionnée spécialement ; si la cavitation persiste alors c'est la plaque qui cavite.

Bruit

Toute détente dans une vanne engendre du ***bruit*** dont l'intensité dépend de la turbulence créée par le fluide : plus la vitesse est importante, plus ce bruit d'origine hydraulique ou aérodynamique est fort et peut devenir nocif pour le personnel technique. Les gaz ou les vapeurs pouvant atteindre des vitesses d'entrée de l'ordre de 50 à 130 $m \cdot s^{-1}$ (180 à 468 $km \cdot h^{-1}$) selon les vannes, il en résulte que les détentes sont plus bruyantes que pour les liquides dont les vitesses sont dix fois moindres. Pour les fluides compressibles, la vitesse de sortie étant supérieure à celle de l'entrée, il faut veiller à ne pas être en ***régime supersonique*** ou critique afin d'éviter la création d ondes de choc conduisant à des effets sonores dépassant les normes légales du Code du travail et à la destruction de la vanne et de la tuyauterie.

Une vanne est en écoulement critique si : $\Delta P \geq 0{,}5 \cdot C_f^2 \cdot P_1$ (formule simplifiée).

La réduction efficace du bruit passe par l'emploi de silencieux plus ou moins complexes, ou de vannes spécifiques antibruit.

5. Implantation

Pour les ***vannes standards,*** la position recommandée est la position du servomoteur verticale vers le haut. La position horizontale est préférée lorsque le fluide est chargé pour réduire les risques de dépôts et de colmatage du clapet et du siège. Les ***vannes à déplacement rotatif*** ont l'avantage de pouvoir être montées aussi bien horizontalement que verticalement.

Lorsque le diamètre de la conduite est supérieur à celui de la vanne, le convergent-divergent sera placé immédiatement de part et d'autre de la vanne de régulation. **Montage avec bipasse :** les deux vannes d'arrêt servent à isoler la vanne de régulation, et la vanne de bipasse permet de régler manuellement le débit pendant la durée de l'intervention sur la vanne de régulation (figure 17.6). Le démontage de la vanne de régulation sera sécurisé par l'installation de deux vannes de purge de part et d'autre de cette vanne, nécessaire à la vidange sans danger des fluides dangereux.

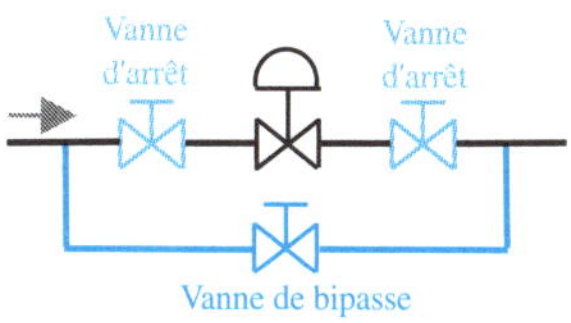

Figure 17.6 Montage avec bipasse

Exercice 1 Calcul d'une vanne de régulation

La pression d'eau doit être régulée à $P_u = 3{,}6$ bars à l'aide de la vanne de régulation à caractéristique linéaire (figure 17.3). Le débit prévu est $Q_{maxi} = 45\ m^3 \cdot h^{-1}$. On donne : $\Delta P_{R1} = \Delta P_{R2} = 55 \times 10^{-5}\, Q_2$ et $P_S = 11{,}5 - 0{,}0008 Q_2$ avec P_s en bar et Q en $m^3 \cdot h^{-1}$. Conduite en DN 100. Pression de vaporisation $P_V = 0{,}042$ bar abs.

1. Déterminer la ΔP_v aux bornes de la vanne pour le débit maximal.

2. Calculer le $C_{V\ maxi}$ de cette vanne.

3. Choisir le $C_{V\ nominal}$ dans l'extrait fourni (vanne droite *GX Fisher).*

Rangeabilité $r = 50$	DN 40			DN 50			DN 80		
Orifice (mm)	36	22	14	46	36	22	70	46	36
Cv nominal	32	17,2	8,25	48,6	33,9	17,2	117	51,8	33,3
FL (Cf)	0,93	0,95	0,96	0,91	0,93	0,93	0,89	0,97	0,97

4. Le débit minimal de $2\ m^3 \cdot h^{-1}$ est-il contrôlable ?

5. La vanne est-elle en régime de cavitation ?

Solution

1. $\Delta P_V = P_S - \Delta P_{R1+R2} - P_u$ donc pour Q_{maxi}, $\Delta P_v = 9{,}88 - 2{,}23 - 3{,}6 = 4{,}05$ bars.

2. $C_{v\ maxi} = 1{,}16 \times 45\sqrt{\dfrac{1}{4{,}05}} = 25{,}94$

3. La loi de débit de la vanne étant linéaire, on pondère le C_v calculé par 1,25 : $C_{v\ nominal} = 1{,}25 \times C_{v\ maxi} = 32{,}4$. On choisit dans l'extrait proposé le C_v supérieur le plus proche, soit : $C_v = 33{,}3$ (ou $C_v = 33{,}9$).

4. Contrôler un débit minimal de $2\ m^3 \cdot h^{-1}$ nécessite un $C_{v\ \text{mini à contrôler}}$. La ΔP_v pour ce débit est $\Delta P_v = 7{,}89$ bars et conduit à : $C_{v\ \text{mini à cont.}} = 1{,}16 \times 2\sqrt{\dfrac{1}{7{,}89}} = 0{,}83$.

On vérifie que la vanne choisie est telle que : $C_{v\ \text{mini contrôlable}} < C_{v\ \text{mini à contrôler}}$. C'est bien le cas puisque : $C_{v\ \text{mini cont.}} = C_{v\ \text{maxi cont.}}/r = 33{,}3/50 = 0{,}67$.

5. La vanne n'est pas en régime de cavitation puisque : $\Delta P_v = 4{,}05$ bars $< C_f^2 \cdot P_s = 0{,}93^2 \times (9{,}88 + 1{,}013 - 1{,}115 - 0{,}042) = 8{,}4$ bars. Exprimer les pressions en bar absolu pour faire ce calcul.

Positionneurs

1. Présentation

Rôle

Le positionneur de vanne est un relais d'asservissement garantissant un positionnement du clapet fidèle et rapide à l'ouverture comme à la fermeture. L'ouverture de la vanne, et donc le débit, demandée par le signal de commande du système de contrôle du processus est ainsi assurée malgré les problèmes rencontrés.

Principe

Pour contrôler le débit incident de la grandeur physique du procédé, le régulateur industriel agit sur l'actionneur de la boucle de régulation : la vanne. Il pilote le positionneur de vanne par un signal de commande traduisant une certaine ouverture assimilable à une position du clapet. Le positionneur reçoit la consigne de position et la compare à la position réelle du clapet de la vanne (figure 18.1). En fonction de l'écart constaté, il génère un signal plus ou moins important au servomoteur pneumatique pour positionner le clapet, et donc l'ouverture correspondant à la valeur demandée par le régulateur industriel.

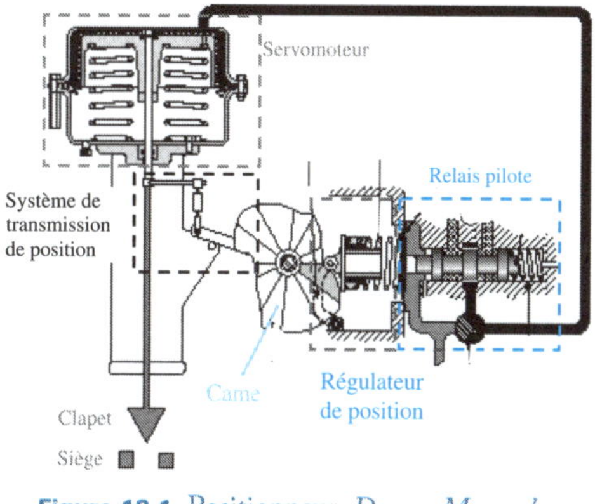

Figure 18.1 Positionneur. *Dresser Masonelan*

Éléments constitutifs

Le positionneur comprend (figure 18.1) :

- une partie pneumatique, électrique ou numérique, traduisant le signal du régulateur en demande de position ;
- un système mécanique ou électronique de mesure de la position ;

– un comparateur entre consigne et mesure ;
– un correcteur P, PI ou PID (*cf.* fiche 22) ;
– un relais ou pilote pneumatique avec son alimentation d'air comprimé.

Utilité du positionneur

Un positionneur est ***nécessaire*** si :

– la ***pression différentielle*** est élevée et nécessite une pression de commande importante du servomoteur (supérieure à 3,5 ou 4 bars) ;
– la pression différentielle du fluide fluctue rapidement et perturbe la grandeur réglée du processus ;
– le fluide est très ***visqueux***, collant ou colmatant, comme la pâte à papier, le goudron ou le sucre liquide ;
– le fluide engendre un ***grippage*** de la tige du clapet ou/et des ***points durs*** dans le mouvement ;
– la capacité totale du circuit d'air modulé (volumes du servomoteur et de la conduite pneumatique) conduit à un ***temps de réponse*** trop long ou/et non constant ;
– le ***temps de réponse*** de la vanne n'est pas constant, notamment dû à la non-linéarité de frottement par hystérésis sur les faibles incréments de commande, limitant la précision de la régulation du processus ;
– la ***caractéristique de débit*** utile ne correspond pas à celle de la vanne (*cf.* paragraphe 3).

Un positionneur est ***optionnel*** si le signal de commande, généralement 0,2 – 1 bar ou 0,4 – 2 bars, est suffisant pour piloter la vanne directement quelles que soient les situations décrites ci-dessus.

Un positionneur est ***obligatoire*** pour un servomoteur ***à double effet*** : il est spécifique à double commande pour contrôler les deux sens de déplacement du clapet car ce servomoteur est démuni de ressort(s) de rappel.

En pratique la plupart des vannes industrielles sont équipées d'un positionneur car ils apportent une nette amélioration de fonctionnement.

2. Techniques des positionneurs

Montage

Le positionneur est traditionnellement fixé sur l'arcade entre le corps et le servomoteur (figure 18.1), mais certains positionneurs numériques peuvent être déportés loin de la vanne, pour permettre un fonctionnement dans des conditions moins sévères que près du processus (figure 18.2).

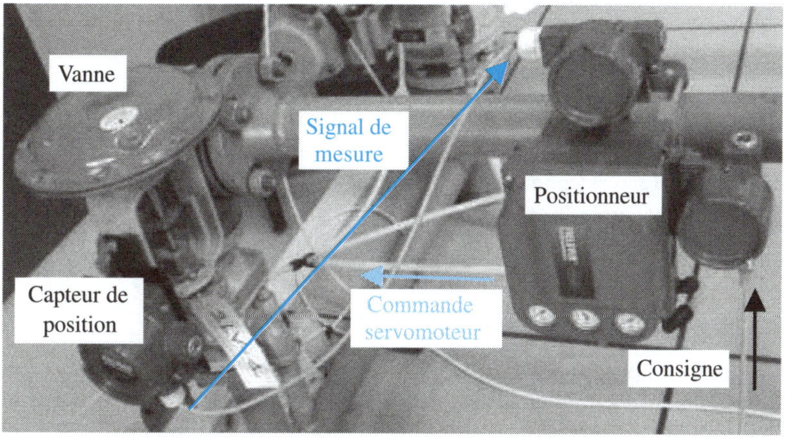

Figure 18.2 Positionneur numérique déporté. *Fisher*

Sécurité

C'est la ***sécurité*** du processus en cas de panne d'alimentation de l'air moteur qui impose le choix d'ouverture ou de fermeture de l'ensemble servomoteur-vanne.

> Une vanne seule ouverte par manque d'air est notée : OMA.
> Une vanne seule fermée par manque d'air est notée : FMA.

Le sens d'action, direct ou inverse, du positionneur est choisi pour régler le sens d'action en fonctionnement normal de l'ensemble positionneur-servomoteur-vanne. On obtient alors soit un ensemble normalement ouvert NO (ou air ferme) soit normalement fermé NF (ou air ouvre). En cas de rupture du signal de commande, la position de la vanne est définie en OMA ou FMA.

Positionneur pneumatique

Les signaux de consigne et de commande envoyés au servomoteur sont pneumatiques. Il peut travailler dans des ambiances radioactives et à des températures élevées contrairement aux positionneurs électro-pneumatiques analogique ou numérique, limités par leurs composants électroniques. Il fonctionne en atmosphère ATEX sans accessoire. Il évite un câblage électrique coûteux lorsque la distance est importante. La maintenance ne nécessite que des connaissances élémentaires de mécanique.

Positionneur électro-pneumatique

Il comprend un convertisseur électro-pneumatique ; le signal de consigne est électrique, généralement un courant de 4 – 20 mA, et la commande du servomoteur est pneumatique limitée à la pression d'alimentation du positionneur entre 2 et 7 bars. L'emploi en zone ATEX nécessite une option spécifique.

Positionneur numérique

La mesure de position, par capteur sans contact à effet Hall, ne génère aucun frottement contrairement à une mesure de position classique par biellette (figure 18.1). Le microprocesseur interne procure une multitude d'avantages tels que :

- communication à distance (protocole Hart ou bus de terrain) ;
- temps de réponse à l'ouverture comme à la fermeture constant ;
- adaptation de la caractéristique de débit par came numérique ;
- autoparamétrage comme la recherche automatique des butées haute et basse ;
- 2 régulateurs PID ; un de position, autoréglant, et un pour le contrôle du procédé ;
- suivi de maintenance prédictive.

Les multiples avantages des positionneurs numériques font qu'ils sont de plus en plus nombreux à équiper les vannes au détriment des autres positionneurs.

Inconvénients des positionneurs

- Coûts d'achat, de configuration, de mise en service et de maintenance ;
- Complexité accrue exigeant plus de connaissances pour le réglage ;
- Risque de déréglage à cause des vibrations transmises par la tuyauterie et aux variations de température ambiante ;
- Risque d'auto-oscillation propre à la boucle d'asservissement par déréglage des positionneurs pneumatique et électro-pneumatiques ;
- Les positionneurs munis de cames mécaniques ont seulement des caractéristiques de débit standardisées.

3. Adaptation de la caractéristique

Les possibilités technologiques

C'est le ***profil des clapets*** ou des orifices des cages des vannes droites qui définit la caractéristique intrinsèque de débit (*cf.* fiche 17). Il est possible de changer le clapet une fois la vanne installée mais c'est très onéreux. À part quelques vannes à boisseau sphérique dont les obturateurs sont définis en fonction de la loi désirée, les vannes rotatives ont leurs caractéristiques intrinsèques imposées technologiquement.

Les positionneurs à ***came, mécanique ou numérique,*** permettent d'adapter la caractéristique de l'ensemble vanne-servomoteur-positionneur de façon à garder constant le gain statique du procédé (*cf.* fiche 20).

La came mécanique comporte plusieurs secteurs définissant des caractéristiques différentes fixées par le fabricant : le technicien règle le positionneur sur le secteur voulu et donc la loi désirée. Une came mécanique est limitée aux lois linéaire et exponentielle et pour des commandes de 0 à 50 %, 50 % à 100 % ou 0 à 100 %. Une came numérique correspond à une configuration selon la loi désirée par le technicien en validant plusieurs couples de valeurs permettant une meilleure adaptabilité au procédé.

Les régulateurs numériques de procédé actuels ont une sortie linéarisable selon un profil déterminé permettant d'obtenir la caractéristique de vanne désirée.

Adaptation de la caractéristique

Quelle que soit la technologie employée, on adapte la caractéristique de débit Q de la vanne de réglage avec le positionneur, à celle du procédé pour obtenir une caractéristique finale linéaire entre la commande Y et la mesure X. Quelques exemples d'adaptation sont représentés en figure 18.3 (d : déplacement du clapet).

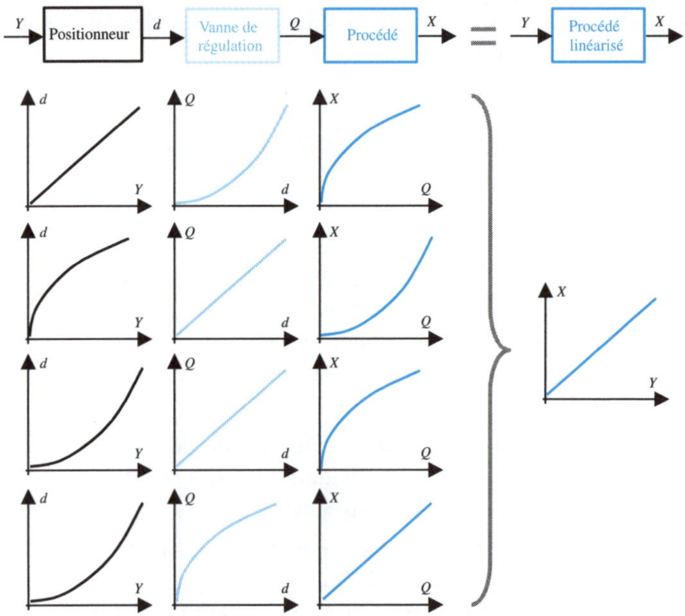

Figure 18.3 Adaptation de la caractéristique au procédé

C'est la caractéristique exponentielle, appelée aussi égal pourcentage, qui est la plus employée car la majorité des procédés ont une caractéristique d'allure logarithmique.

EXERCICE 1 Linéarisation d'un procédé

Le logiciel du positionneur utilisé permet de choisir une loi linéaire, une loi exponentielle $Q = 1,9 \times e^{0,04 \times Y}$ (Y et débit Q en %) ou une courbe à configurer en entrant les couples de points. Un essai avec la loi linéaire a permis de relever les mesures X du procédé suivantes en fonction des commandes Y :

Y (%)	7	20	30	55	75	95
X (%)	8	12	23	65	81	90

1. **Loi linéaire** : déterminer le gain statique G_s du procédé en chaque point de la caractéristique relevée et conclure.
2. **Loi exponentielle** : déterminer les valeurs (Y, Q) puis (Y, X) du procédé lorsque cette loi est validée et conclure.
3. **Courbe à configurer** : calculer le gain $G_{positionneur}$ à introduire en chaque point pour obtenir un gain du procédé unitaire constant, puis déterminer les couples (Y, Q) correspondants à configurer dans le positionneur.

Solution

1. On trace la tangente à la courbe en chaque point et on calcule $G_S = \dfrac{\Delta X}{\Delta Y}$.

Y (%)	7	20	30	55	75	95
$G_{s\ procédé}$	0,10	0,40	1,55	1,33	0,54	0,45

Le gain statique du procédé n'est pas constant avec la loi linéaire du positionneur.

2. On calcule $Q = f(Y)$. On reporte les valeurs de Q sur la courbe donnée par le premier essai, soit :

Y (%)	7	20	30	55	75	95
Q (%)	2,5	4,2	6,3	17,1	38,2	84,9
X (%)	7	7,5	8	11	38	85

Pour ce procédé, la loi exponentielle proposée ne permet pas la linéarisation.

3. Le gain nécessaire pour avoir $G_s = 1$ est : $G_{positionneur} = 1/G_{s\ procédé}$. On obtient :

Y (%)	7	20	30	55	75	95
$G_{positionneur}$	10	2,5	0,64	0,75	1,85	2,22
Q (%)	6	28	34	48	63	98

Fiche 19 Boucle de régulation

1. Objectif

La régulation doit garantir le fonctionnement du procédé selon un ***objectif*** détaillé dans le livre du « *process data book* » (*cf.* fiche 1).

Cet objectif, traduit en une ***consigne,*** est assuré en maîtrisant une ou plusieurs grandeurs mesurées quelles que soient les perturbations subies par le procédé.

Dans le cahier des charges on chiffre par exemple le temps de réponse minimal, ou maximal, lors d'un changement de la consigne et les écarts maximaux tolérés lors de perturbations.

EXEMPLE

La fabrication de radiateurs de refroidissement de véhicule nécessite un assemblage par brasage entre l'alliage du radiateur et un métal d'apport. Pour réussir cet objectif, la température dans le four doit être maintenue constante à 620 °C à ± 6 °C, quelles que soient les dimensions des radiateurs et donc de leurs capacités calorifiques.

2. Boucle de régulation

Étapes nécessaires

Pour réaliser une ***boucle,*** ou une chaîne, de régulation, ***trois étapes*** sont nécessaires (figures 19.1 et 19.2) :

- l'***observation*** de la grandeur à maîtriser, faite par le capteur-transmetteur ;
- la ***réflexion*** sur l'action à entreprendre, qui est fonction de l'écart en rapport avec l'objectif fixé, effectuée par le régulateur (*cf.* fiche 22) ;
- l'***action*** sur une grandeur incidente, à l'aide d'un actionneur, vanne ou moteur.

La régulation peut être ***manuelle,*** effectuée par un technicien, ou ***automatique,*** assurée par un régulateur (*cf.* fiche 22).

Terminologie employée

- **Grandeur réglée :** grandeur à maîtriser.
- **Grandeur incidente :** grandeur ayant une influence sur la grandeur réglée.

– **Grandeur réglante :** grandeur incidente commandée par le régulateur.
– **Grandeur perturbatrice :** grandeur incidente non contrôlée.

Régulation en chaîne ouverte

L'observation n'est pas celle de la grandeur à maîtriser mais celle d'une grandeur incidente (figure 19.1). La réflexion est l'étape où la commande prend en compte une relation préétablie entre la grandeur observée et la grandeur réglante. L'action modifie alors la grandeur à maîtriser.

Cette régulation appelée régulation de tendance forme une ***chaîne ouverte*** car l'action ne modifie pas la grandeur mesurée (voir fiche 30 « Régulation mixte »).

CHAÎNE OUVERTE
L'alcool extrait d'une colonne à distiller sort à l'état de vapeur et doit traverser un condenseur thermique pour devenir liquide. La commande règle le débit de fluide frigorigène (grandeur réglante) a priori nécessaire au refroidissement (figure 19.1). Elle est une fonction de la température mesurée de la vapeur d'alcool (grandeur incidente mesurée) et de la température désirée.

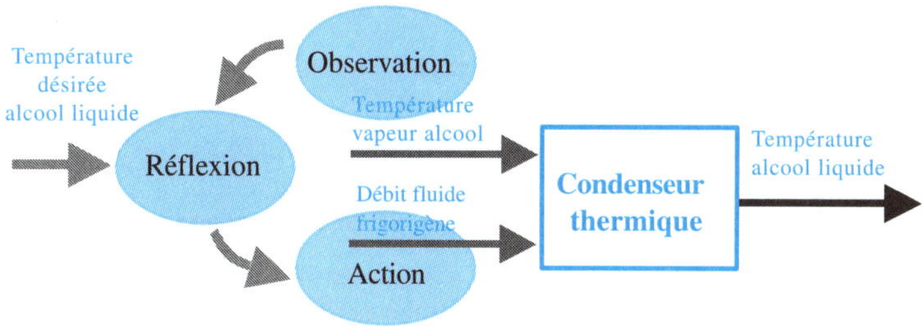

Figure 19.1 Régulation en chaîne ouverte

Régulation en boucle fermée

L'observation se porte sur la grandeur à maîtriser. L'étape de réflexion détermine l'écart entre la consigne et la grandeur à maîtriser. En fonction de cet écart et des règles d'évolution fixées, on en déduit l'action à entreprendre. L'action modifie la grandeur réglante et finalement la grandeur à maîtriser.

Cette régulation forme une ***boucle fermée*** car l'action modifie la grandeur mesurée. Elle comporte une ***contre-réaction*** ou ***retour*** d'information.

BOUCLE FERMÉE

L'alcool extrait d'une colonne à distiller sort à l'état de vapeur et doit traverser un condenseur thermique pour devenir liquide. L'écart entre la température de l'alcool (grandeur à maîtriser) mesurée en sortie du condenseur et de la température désirée (consigne) conduit à l'élaboration d'une commande agissant sur le débit du fluide frigorigène (grandeur réglante) nécessaire à un refroidissement efficace (figure 19.2).

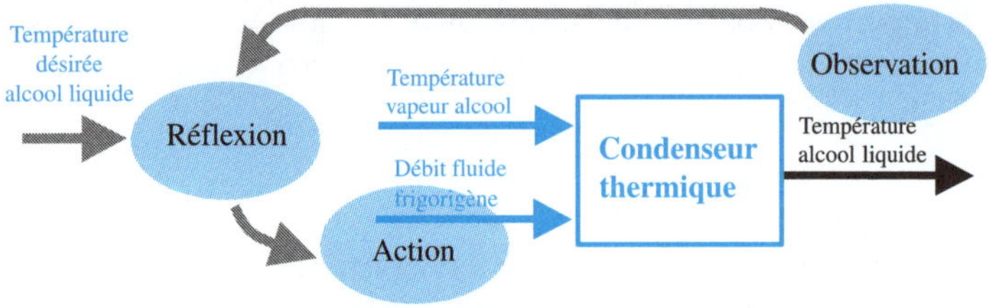

Figure 19.2 Régulation en boucle fermée

Ne pas confondre boucle ouverte et boucle en mode manuel :
- une boucle ouverte peut fonctionner en mode automatique ou en mode manuel ;
- une boucle fermée mise en mode manuel devient une boucle ouverte.

Tableau 19.1. Comparaison entre chaîne ouverte et boucle fermée

	Boucle ou chaîne ouverte	Boucle ou chaîne fermée
Avantages	Pas de problème de stabilité. Simple et rapide à mettre en place. Coût d'étude faible.	L'effet des perturbations est pris en compte. Le temps de réponse défini est atteint. La précision définie est atteinte. Un procédé intégrateur régulé devient autoréglant (*cf.* fiche 20). La linéarité du procédé est améliorée.
Inconvénients	Impossibilité de réguler un procédé intégrateur (*cf.* fiche 20). L'objectif n'est pas toujours atteint car l'effet des perturbations n'est pas pris en compte. On ne maîtrise ni le temps de réponse ni la précision.	La stabilité doit être étudiée. Étude et mise au point peuvent être complexes. Coût d'étude important.

Plus performante, la régulation en boucle fermée est la plus employée industriellement.

3. Régulation et asservissement

Régulation de maintien, ou « régulation »

La mesure doit être ***maintenue*** à une valeur constante égale à la consigne quelles que soient les perturbations subies par le procédé. La vitesse de rejet de l'effet perturbateur pour une tolérance donnée évalue sa performance.

Régulation de poursuite, ou « asservissement »

La mesure doit ***suivre*** toute évolution de la consigne. La rapidité d'obtention de la consigne et la valeur du dépassement de celle-ci qualifient sa performance.

En pratique, un asservissement peut subir quelques perturbations et une régulation (de maintien) peut devoir répondre à quelques changements de consigne.

ASSERVISSEMENT ET RÉGULATION

Un positionneur de vanne réalise un asservissement de position car sa consigne ***suit*** en permanence le signal de commande du régulateur qui le pilote (*cf.* fiche 18). Mais le positionneur fonctionne également en régulateur pour ***maintenir*** dans la position demandée la position du clapet soumis aux effets perturbateurs du fluide.

Exercice 1 Situations courantes en analyse

Analyser la situation et préciser s'il s'agit de : boucle ouverte (BO) ou fermée (BF), régulation (R) ou asservissement (A), en mode manuel (MM) ou automatique (MA).	BO BF	R A	MM MA
1. Au jeu de pétanque, on « pointe » une boule près du but, dit « le petit ».			
2. Chauffer une casserole d'eau pour cuire des nouilles.			

	BO BF	R A	MM MA
3. Garder son véhicule à la vitesse autorisée de 90 $km.h^{-1}$.			
4. Filmer un cheval au galop en plan rapproché.			
5. Surligner une ligne d'un texte avec un crayon-feutre.			
6. Observer en spectateur un échange au tennis.			
7. Diminuer la température d'une pièce d'habitation au thermostat.			
8. Gonfler à 3,5 bars un pneu de VTT.			

Solution

1. BO (la distance n'est pas mesurée, elle est estimée avec un élément extérieur, et il n'y a pas de retour), R (la consigne, ici la position du but, ne change pas) et MA (le « calcul » est effectué avant le lancer).

2. BO (le cuisinier ne mesure pas la température), R et MM (énergie constante).

3. BF (on regarde son compteur de vitesse), R (la vitesse une fois atteinte est perturbée par le vent ou une descente) et MM ou MA (si régulateur de vitesse du véhicule enclenché).

4. BO (on ne mesure pas, on évalue en cadrant l'image), A (il faut suivre l'évolution du cheval) et MM (pas de calcul, même préliminaire).

5. BF (on agit en fonction du résultat), R (on maintient la rectitude du trait) et MM.

6. BF (la réception de l'image influence la direction de notre regard), A (on tourne plus ou moins la tête pour suivre la balle) et MM.

7. BF (le thermostat compare la température intérieure à celle demandée et agit sur la chaudière), A (c'est une régulation de poursuite) et MA (le régulateur d'un thermostat actuel est du type PI ou PID).

8. BF (contrôle à l'aide du manomètre), A (on demande une pression plus grande) et MM.

Caractéristiques des procédés

Fiche 20

1. Connaissance du procédé

La connaissance du procédé est essentielle pour élaborer la stratégie de son contrôle-commande (*cf.* fiche 1). Elle peut définir le ***comportement statique*** mais elle doit surtout décrire le ***comportement dynamique***, puisque le procédé influencé par les perturbations évolue en permanence.

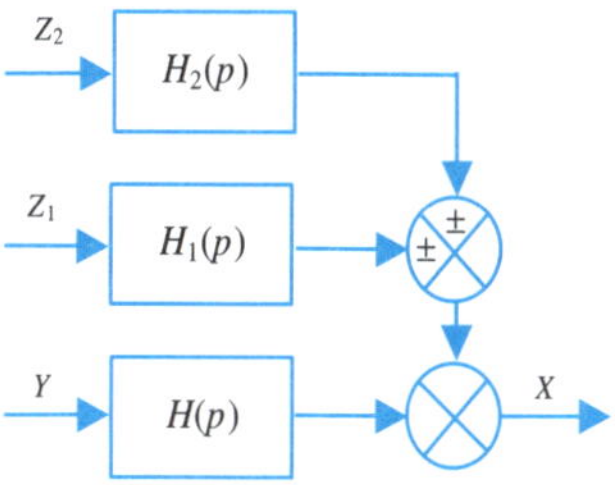

Figure 20.1 Procédé

L'analyse doit aboutir à l'élaboration d'un schéma fonctionnel montrant l'influence de chacune des grandeurs réglante Y et perturbatrices Z_1 et Z_2 sur la grandeur réglée X (figure 20.1).

Les ***fonctions de transfert*** réglante H(p) et perturbatrices H_1 (p) et H_2 (p) sont déterminées par :

– une mise en équation différentielle aboutissant à un modèle de connaissance ;

– ou une détermination expérimentale sur le procédé réel, dans le domaine temporel ou fréquentiel, appelée identification (*cf.* fiches 24, 27, 28).

2. Fonction de transfert

Un procédé est ***autoréglant*** ou ***intégrateur***, de fonction de transfert générale :

$$H(p)=\frac{X(p)}{Y(p)}=\frac{K(1+Tp)e^{-\tau p}}{p^{\alpha}(1+\theta_1 p)(1+\theta_2 p)\cdots(1+\theta_n p)(1+2\lambda(p/\omega_0)+(p/\omega_0)^2)}$$

p : opérateur de Laplace ;

α : classe du procédé, terme précisant le nombre d'intégrations ;

$\alpha = 0$: ***autoréglant***	*K* devient G_s : ***gain statique*** Sans unité : *X* et *Y* étant exprimés sous forme de pourcentage
$\alpha > 0$: ***intégrateur***	*K* devient *k* : ***gain dynamique*** Unité : s^{-1}

T, θ_1, θ_2,⋯,θ_n : constante de temps (s) ;

τ : temps mort ou retard pur (s) ;

λ : facteur d'amortissement. La réponse est pseudo-périodique pour $0 < \lambda < 1$, et apériodique pour $\lambda \geq 1$;

ω_0 : pulsation propre ($rad.s^{-1}$).

Point de fonctionnement

Le procédé est conçu pour fonctionner à une certaine valeur de la mesure correspondant à une valeur de la commande : c'est le ***point de fonctionnement***.

Linéarité

Un procédé industriel n'est pratiquement jamais linéaire, ce qui se traduit par des variations du gain, statique ou dynamique, lorsque l'on s'éloigne du point de fonctionnement ; les régimes transitoire et permanent sont alors différents.

EXEMPLES

Les pertes thermiques d'un four sont une fonction quasi quadratique de la température, et la puissance de chauffage nécessaire n'est donc pas linéaire avec la température.
L'énergie à apporter pour augmenter la pression d'un gaz humide dans un réservoir fermé est d'autant plus grande que la pression est à élever : elle n'est pas linéaire.

Or, la qualité d'une régulation classique PID ne peut être garantie sur une grande plage de fonctionnement que pour un gain du procédé constant. Selon la provenance de la non-linéarité du procédé, la linéarisation peut être effectuée par le transmetteur (*cf.* fiche 6) ou par la vanne de régulation et son positionneur (*cf.* fiche 18). Une régulation adaptative est également envisageable (*cf.* fiche 30).

3. Procédé autoréglant

Définition

Un procédé est ***autoréglant*** ou ***naturellement stable*** lorsque la grandeur réglée retrouve un nouvel équilibre, suite à un petit incrément de la grandeur réglante. Des exemples de réponses de procédés autoréglants sont montrés en figure 20.2.

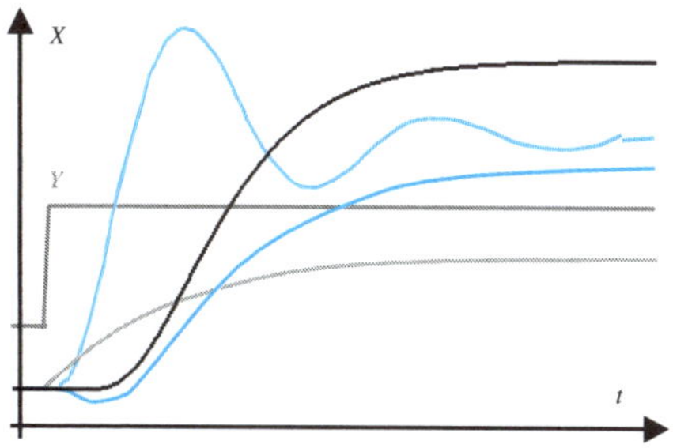

Figure 20.2 Procédés autoréglants

Caractéristique statique

C'est la ***représentation graphique*** de la loi d'évolution en régime permanent de la mesure X en fonction de la commande Y (figure 20.3). L'interaction entre les grandeurs d'entrées-sorties d'un procédé est souvent complexe à mettre en équation. Le tracé par calcul est donc délaissé au profit d'un ***relevé expérimental*** direct sur le procédé, malgré le dérangement qu'il occasionne à la production.

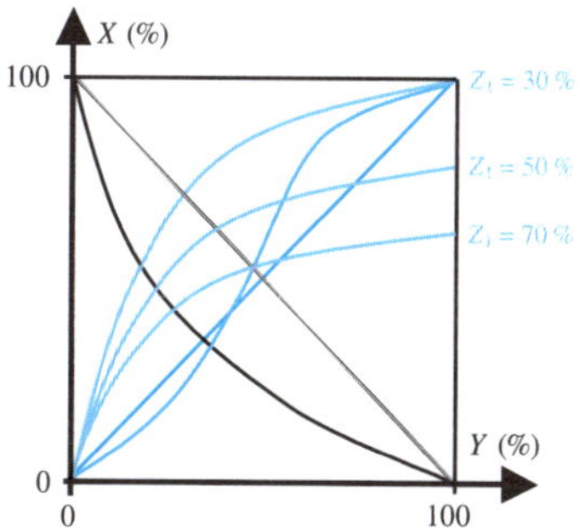

Figure 20.3 Caractéristiques statiques

Pour chaque valeur de la commande, on relève la valeur de la mesure établie en régime permanent, en notant la valeur de la grandeur perturbatrice. Pour une autre valeur de la grandeur perturbatrice on obtient une autre caractéristique, et ainsi un réseau de caractéristiques statiques (Z_1 à 30 %, 50 % et 70 %, figure 20.3).

> La caractéristique statique d'un procédé peut être linéaire ou non linéaire, croissante ou décroissante.

Gain statique

À partir de la ***fonction de transfert*** :

$$G_s = \frac{\lim\limits_{p\to 0} p \cdot X(p)}{\lim\limits_{p\to 0} p \cdot Y(p)} = \lim_{p\to 0} H(p)$$

À partir de la ***caractéristique statique*** : C'est le coefficient, défini au point de fonctionnement, quotient de la variation de mesure X à la variation de commande Y : $G_s = \Delta X/\Delta Y$.

Pour un procédé non linéaire, le gain statique est défini par la pente de la tangente à la courbe au point choisi. Par exemple, au point $Y = 47$ % (figure 20.4), on a : $G_s = (68 - 32)/(57 - 37) = 1{,}8$.

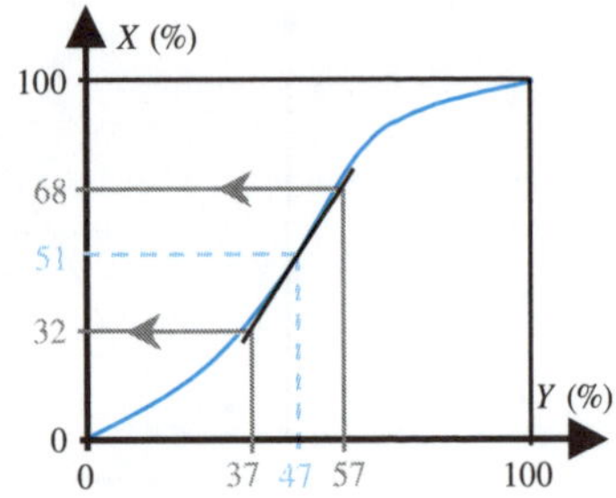

Figure 20.4 Gain statique

4. Procédé intégrateur

Définition

Un procédé est ***intégrateur*** ou ***naturellement instable*** lorsque la grandeur réglée ne se stabilise pas, suite à un petit incrément de la grandeur réglante (figure 20.5).

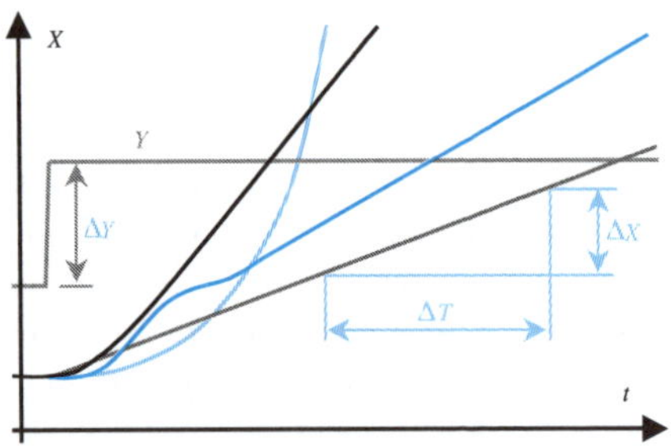

Figure 20.5 Procédés intégrateurs

Gain dynamique

Pour une classe $\alpha = 1$, c'est le coefficient K quotient de la pente de la variation de mesure ΔX à la variation de commande ΔY :

$$K = \frac{\Delta X}{\Delta T}\frac{1}{\Delta Y} \text{ (figure 20.5).}$$

À cause du caractère intégrateur, la valeur de la mesure obtenue en régime permanent dépend de la valeur de commande et de sa durée de maintien.

5. Représentation fréquentielle

L'***analyse fréquentielle*** d'un procédé permet l'étude de stabilité, d'amortissement et de rapidité afin de prévoir le meilleur réglage.

La ***représentation graphique*** nécessite la connaissance de la ***fonction de transfert isochrone***, c'est-à-dire exprimée pour le régime sinusoïdal avec $p = j\omega$.

REPRÉSENTATION GRAPHIQUE

On exprime le module et l'argument en fonction de la pulsation ω de la fonction de transfert isochrone $H(j\omega)$.

On trace la courbe représentative du gain (en dB) et de la phase (en °) de cette fonction de transfert pour des pulsations de 0 à ∞ (diagramme de Black).

La figure 20.6 montre les courbes représentatives de différents procédés dans le diagramme de Black.

L'emploi de simulateurs numériques est recommandé car rapide et très efficace pour les analyses fréquentielles. Les simulateurs permettent de changer facilement les paramètres des fonctions de transfert et de réaliser ainsi de multiples simulations.

EXERCICE 1 Reconnaissance

Parmi les 10 fonctions de transfert proposées, déterminer celles correspondantes aux 5 procédés dont les courbes sont tracées dans le diagramme de Black (figure 20.6). Les flèches indiquent le sens des pulsations croissantes de 0 à ∞.

Préciser la classe α pour les procédés intégrateurs et la valeur du gain statique des procédés autoréglants.

	$H(p)$		$H(p)$
1	$\dfrac{K}{1+\theta p}$	6	$\dfrac{K}{(1+\theta p)^4}$
2	$\dfrac{K}{p(1+\theta p)^2}$	7	$\dfrac{K}{(1+\theta p)^2}$
3	$\dfrac{e^{-\tau p}}{\theta p}$	8	$\dfrac{Ke^{-\tau p}}{1+\theta p}$
4	$\dfrac{K}{(1+Tp)(1+\theta p)^2}$	9	$\dfrac{1}{Tp(1+\theta p)}$
5	$\dfrac{Ke^{-\tau p}}{Tp(1+\theta p)}$	10	$\dfrac{1}{\theta p}$

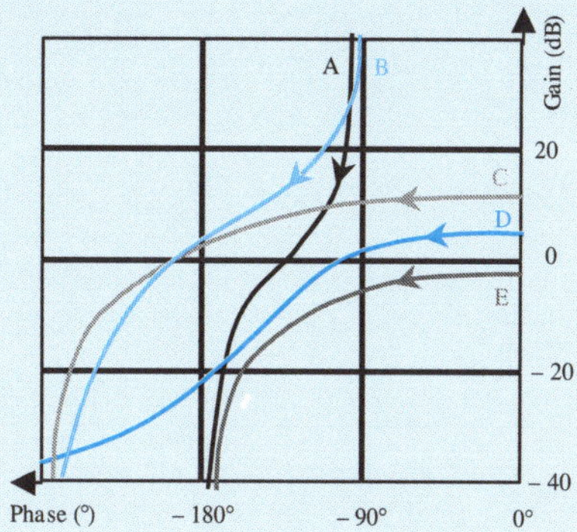

Figure 20.6

Solution

Courbe	A	B	C	D	E
$H(p)$	9	2	4	8	7
	Intégrateur : classe $\alpha = 1$		Autoréglant		
	Gain logarithmique		14 dB	6 dB	– 2 dB
	Gain statique		5	2	0,8

Informations utiles :

Pour n constantes de temps on a un déphasage maximal de $\varphi \to n \times (-90°)$.

Un temps mort τ engendre un déphasage $\varphi = -\tau\omega$, donc $\varphi \to -\infty$ pour $\omega \to +\infty$.

Pour $\omega \to 0$ (régime permanent) un procédé autoréglant a un déphasage $\varphi \to 0°$ et le gain logarithmique vaut $G_{dB} = 20 \log G_s$. On a alors $G_S = 10^{(G_{dB}/20)}$.

Pour $\omega \to 0$ un procédé intégrateur de classe α a un déphasage $\varphi \to \alpha \times (-90°)$.

Les déphasages comme les gains (dB) de chaque fonction de transfert s'ajoutent.

Qualités d'une régulation

Fiche 21

La première qualité à assurer d'une régulation est la ***stabilité*** puisque toute instabilité conduit à la perte de contrôle du procédé. L'***amortissement*** quantifie le degré de stabilité dans l'espace temporel.
La ***précision***, statique ou dynamique, est souvent la deuxième qualité attendue d'une régulation. La ***rapidité*** est une qualité opposée à la précision dynamique et liée à l'amortissement.

1. Stabilité

Stabilité dans le domaine temporel

La boucle de régulation est stable lorsque soumise à un incrément de consigne ou d'une grandeur perturbatrice, la mesure retrouve un état stable (figure 21.1).

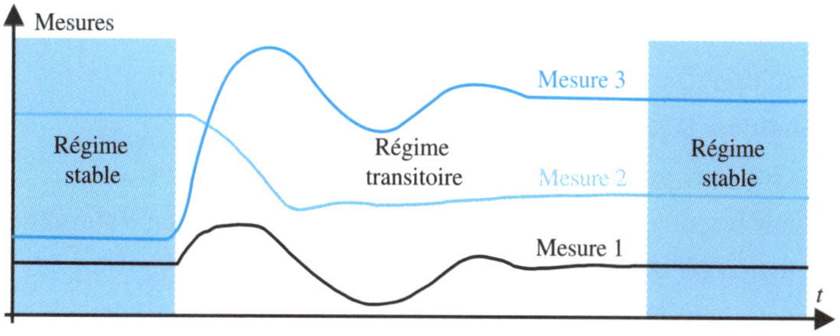

Figure 21.1 Exemples de régulations stables

Conditions de stabilité dans le domaine fréquentiel

On considère la fonction de transfert réglante $H(p)$et celle du correcteur $C(p)$ formant la boucle fermée à retour unitaire (figure 21.2). La fonction de transfert réglante en chaîne fermée est : $F(p)=\dfrac{X(p)}{W(p)}=\dfrac{C(p)H(p)}{1+C(p)H(p)}$.

Les fonctions de transfert perturbatrices en chaîne fermée sont :

$$F_1(p)=\frac{X(p)}{Z_1(p)}=\frac{H_1(p)H(p)}{1+C(p)H(p)} \text{ et } F_2(p)=\frac{X(p)}{Z_2(p)}=\frac{H_2(p)}{1+C(p)H(p)}$$

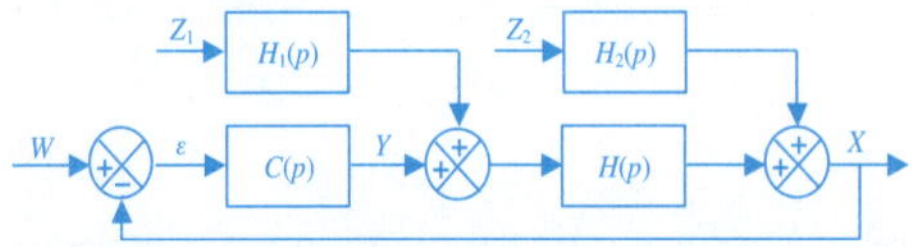

Figure 21.2 Boucle de régulation. Grandeurs perturbatrices : Z_1 et Z_2

La régulation de poursuite ou de maintien est stable si ***l'équation caractéristique*** $1 + C(p)\,H(p) = 0$ ne possède que des racines à partie réelle négative.

Il est recommandé d'utiliser un logiciel pour le calcul direct de ces racines.

> La stabilité ne dépend ni de la nature de l'entrée, consigne (W) ou perturbations (Z_1, Z_2), ni du type de sollicitation, échelon, rampe ou autre.

Critère algébrique

Lorsqu'une régulation entre en oscillation sinusoïdale, elle est en régime harmonique : c'est la limite de la stabilité. On note ω_c la pulsation critique d'oscillation.

À partir de la fonction de transfert en chaîne ouverte $C(j\omega_c)\,H(j\omega_c)$, on écrit les ***conditions limites de stabilité*** c'est-à-dire :

– la condition d'amplitude : $|C(j\omega_c)\,H(j\omega_c)| = 1$

– la condition de phase : Arg $(C(j\omega_c)\,H(j\omega_c)) = -\pi$

On détermine la pulsation ω_c à partir de la condition de phase.

On calcule le gain critique G_c à l'aide de ω_c et de la condition d'amplitude.

La régulation est ***stable*** si $|C(j\omega_c)\,H(j\omega_c)| < 1$

La régulation est ***instable*** si $|C(j\omega_c)\,H(j\omega_c)| > 1$

> **EXEMPLE**
>
> On étudie la stabilité d'un procédé de fonction de transfert
>
> $$H(p) = \frac{1}{(1+\theta p)^3}$$
>
> La fonction du régulateur est $C(p) = G_r$.
>
> La condition d'amplitude est :
>
> $$|C(j\omega_c)H(j\omega_c)| = \frac{G_r}{(\sqrt{1+\omega_c^2\theta^2})^3} = 1 \text{(A)}$$
>
> La condition de phase : Arg $(C(j\omega_c)\,H(j\omega_c)) = -3 \arctan(\omega_c\theta) = -\pi$
>
> La condition de phase donne : $\omega_c\theta = \sqrt{3}$, à reporter dans l'équation (A).
>
> On trouve $G_r/8 = 1$ qui est la condition limite de stabilité : pour que la régulation soit stable le gain du régulateur G_r doit être strictement inférieur à 8.

Critère graphique, règle du revers :

Un système asservi à retour unitaire est stable si, en décrivant la courbe représentative dans le diagramme de Black de la fonction de transfert en chaîne ouverte dans le sens des pulsations croissantes, on laisse le point critique (0 dB, – 180°) à sa droite (courbe 1, figure 21.3).

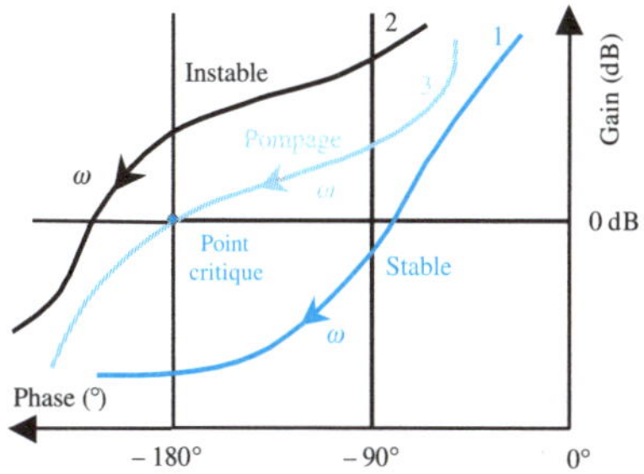

Figure 21.3 Stabilité. Diagramme de Black

Il est instable dans le cas contraire (courbe 2, figure 21.3).

Lorsque sa courbe représentative passe sur le point critique, le système asservi est juste oscillant : c'est le pompage (courbe 3, figure 21.3).

Degré de stabilité

La stabilité de la régulation doit être assurée avec un certain ***degré de sécurité*** évalué par la marge de gain et la marge de phase. Plus ces marges sont importantes, plus le risque d'instabilité est éloigné.

Marge de gain, notée G_m	Marge de phase, notée φ_m
$G_m = 20\lg\left[\dfrac{1}{\lvert C(j\omega_\pi)\,H(j\omega_\pi)\rvert}\right] = 20\lg A_m$	$\varphi_m = \pi + \text{Arg}\,[C\,(j_{\omega 1})\,H\,(j_{\omega 1})]$ ω_1 : pulsation pour laquelle le module
A_m est la marge de module. ω_π : pulsation pour laquelle la phase $\varphi = -\pi$	$\lvert C\,(j_{\omega 1})\,H\,(j_{\omega 1})\rvert = 1.$

> Un système est stable pour $G_m > 0$ dB (ou $A_m > 1$) et $\varphi_m > 0$.
> Valeurs courantes des marges : 6 dB < G_m < 12 dB ($2 < A_m < 4$) et $45° < \varphi_m < 60°$.

2. Amortissement

Lorsqu'une boucle de régulation est stable, l'***amortissement*** caractérise l'atténuation des oscillations de la mesure suite à une variation de consigne ou d'une grandeur perturbatrice. Un amortissement faible engendre de grands dépassements, et des dépassements faibles ou inexistants correspondent à un fort amortissement (figure 21.4). Le comportement d'une fonction de transfert du second ordre à un échelon unitaire montre l'influence entre la valeur du coefficient d'amortissement λ et les dépassements D_1 et D_2 transitoires (figure 21.5).

Imposer un facteur d'amortissement λ à la boucle de régulation permet de régler le dépassement maximal autorisé lors du régime transitoire sur un changement de consigne, le comportement lors d'une perturbation étant d'évolution similaire.

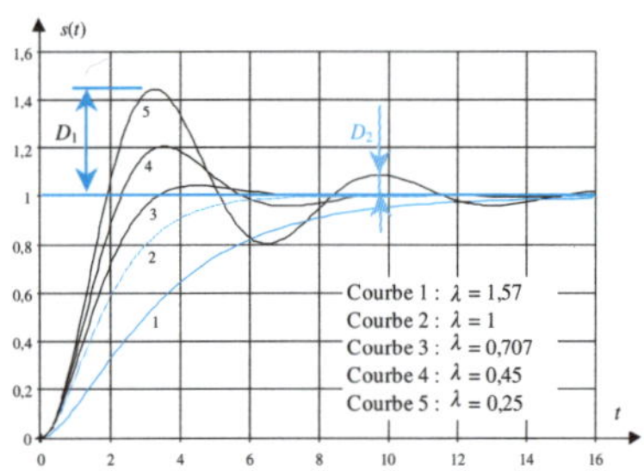

Figure 21.4 Réponse indicielle en fonction du coefficient d'amortissement λ d'une fonction de transfert du second ordre

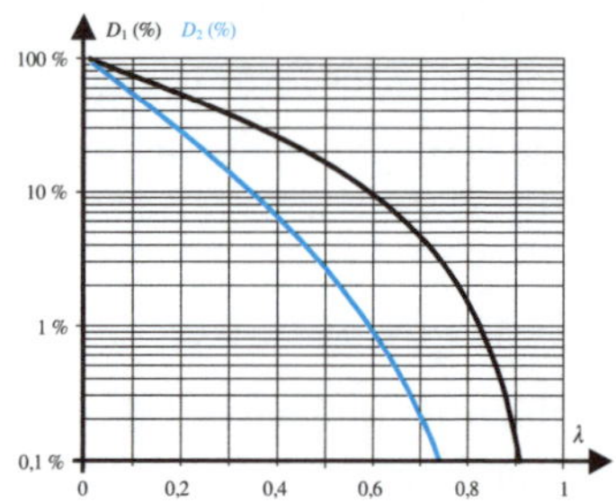

Figure 21.5 Relation entre facteur d'amortissement λ et dépassements D_1 et D_2 d'une réponse indicielle d'une fonction de transfert du second ordre

3. Rapidité

Elle traduit la durée du régime transitoire et s'évalue, au choix, par :

- le ***temps de réponse*** t_r correspondant au temps que met la mesure à rester dans une zone à ± 5 % de la variation finale soit entre 95 % et 105 % (figure 21.6) ;
- le temps de montée t_m correspondant au temps nécessaire à la mesure pour passer de 10 % à 90 % de la valeur finale (figure 21.6).

4. Précision

Elle est évaluée par son aptitude à obtenir une mesure proche de la consigne en ***régime permanent*** ou en ***régime transitoire*** lors d'un changement de consigne ou d'une perturbation.

En régime permanent

La précision d'une régulation de maintien ou de poursuite se chiffre par la différence entre la consigne et la mesure en régime permanent. Plus cet écart est petit, plus la régulation est précise.

CALCUL

À partir du schéma général d'une boucle de régulation (figure 21.2), on exprime l'écart en fonction de la consigne et des grandeurs perturbatrices :

$$\varepsilon(p)=\frac{1}{1+C(p)H(p)}W(p)+\frac{H_1(p)H(p)}{1+C(p)H(p)}Z_1(p)+\frac{H_2(p)}{1+C(p)H(p)}Z_2(p)$$

La valeur de l'écart en régime permanent est obtenue en appliquant le théorème de la valeur finale : $\lim\limits_{t\to\infty}\varepsilon(t)=\lim\limits_{p\to 0}p\cdot\varepsilon(p)$

Le calcul s'effectue pour une seule entrée, soit ici : $W(p)$, $Z_1(p)$ ou $Z_2(p)$.

Lorsque l'entrée considérée est un échelon, on parle d'***écart statique*** ou d'***écart de position***.

Lorsque l'entrée considérée est une rampe, on parle d'***écart de traînage*** ou d'***écart de vitesse***.

Le résultat dépend de la classe des fonctions de transfert intervenant dans la boucle de régulation (tableau 21.1).

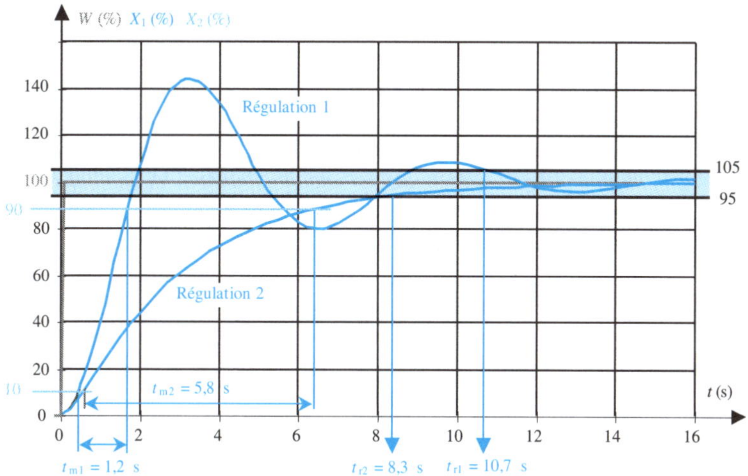

Figure 21.6 Temps de réponse à ± 5 % et temps de montée de deux régulations

Tableau 21.1. Écarts en régime permanent en fonction de la classe des fonctions de transfert et des entrées sollicitées (figure 21.2)

		Consigne W		Perturbation[2]			
				Z_1 en échelon		Z_2 en échelon	
Classe[1] de				Classe[1] de $H_1(p)$		Classe[1] de $H_2(p)$	
$C(p)$	**$H(p)$**	**échelon**	**rampe**	**0**	**1**	**0**	**1**
0	**0**	*cste* > 0	∞	*cste* < 0	$-\infty$	*cste* < 0	$-\infty$
1	**0**	0	*cste* > 0	0	*cste* < 0	0	*cste* < 0
1	**1**	0	0	0	*cste* < 0	0	0
0	**1**	0	*cste* > 0	*cste* < 0	$-\infty$	0	*cste* < 0

1. La classe est le nombre d'intégration de la fonction de transfert : 0 sans intégration et 1 pour une intégration.

2. L'écart est négatif car les perturbations influencent ici positivement la mesure. Il serait positif si les perturbations avaient une influence négative sur la mesure.

En régime transitoire

La précision ***dynamique*** d'une régulation de poursuite est évaluée par l'écart maximal obtenu pour le premier dépassement lors d'un changement de consigne.

La précision ***dynamique*** d'une régulation de maintien est évaluée par l'écart maximal obtenu entre la consigne et la mesure lors du régime transitoire.

Le facteur d'***amortissement*** est lié à la précision dynamique : un amortissement faible correspond à un dépassement important et conduit à une précision dynamique médiocre (figures 21.4 et 21.5).

EXERCICE 1 Analyse d'enregistrements

Pour chaque essai en boucle fermée enregistré en figure 21.7, déterminer :

1. Si la régulation est stable ou instable.
2. La valeur du premier dépassement en unité physique puis en valeur relative.
3. Déduire du dépassement le facteur d'amortissement λ correspondant.
4. L'écart statique ε_S. Le temps de réponse à ±5 %.

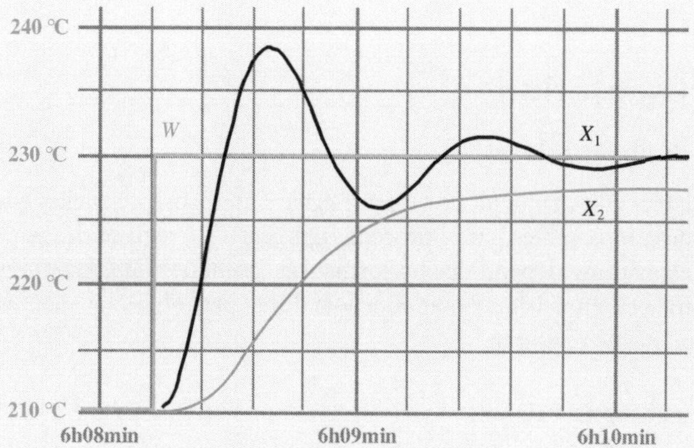

Figure 21.7 Analyse de deux essais

Solution

1. Pour chaque essai, on passe d'un régime stable à un autre régime stable : les deux régulations de poursuite sont stables.

2. Essai 1 : $D_{11} = 238{,}7 - 230 = 8{,}7$ °C et $D_{11\,\%} = 8{,}7/20 = 43{,}5$ %.

Essai 2 : $D_{12} = 0$ °C et $D_{12\,\%} = 0$ %.

3. Pour $D_{1\,\%} = 43{,}5$ %, la figure 21.5 conduit à $\lambda_1 = 0{,}23$.

Pour l'essai 2, la réponse est apériodique et ne permet donc pas de connaître λ_2.

4. Essai 1 : On mesure : $\varepsilon_{s1} = 0$ °C. La valeur finale est 230 °C. On cherche le temps mis pour être entre 230 °C ± 5 % × (230 °C – 210 °C) soit entre 229 °C et 231 °C ; il est à 6 h 10 min 6 s. On a donc : $t_{r1} = 1$ min 54 s = 114 s.

Essai 2 : $\varepsilon_{s2} = 2{,}5$ °C. La mesure n'atteint pas la consigne mais 227,5 °C. On cherche le temps mis pour être entre 227,5 °C ±5 %×(227,5 °C – 210 °C) soit entre 226,6 °C et 228,4 °C ; il est à 6 h 09 min 30 s. On a : $t_{r2} = 1$ min 28 s = 88 s.

Fiche 22

Régulateur PID

1. Présentation

Rôle du régulateur

Le régulateur doit maintenir une mesure égale à une consigne quelles que soient les perturbations subies par le procédé (*cf.* fiche 1). Le réglage des paramètres de son algorithme dépend des performances attendues (*cf.* fiche 21) en temps de réponse et en précision dynamique lors de ces perturbations, mais aussi des changements de consigne.

Régulateur PID

Un régulateur est constitué d'un comparateur pour observer l'écart entre la mesure et la consigne, et d'un correcteur dont l'algorithme permet d'obtenir une loi d'évolution de la mesure du procédé conforme au cahier des charges. Le correcteur a une action PID (Proportionnelle, Intégrale et Dérivée) et, associé à un comparateur, forme un régulateur PID (figure 22.1).

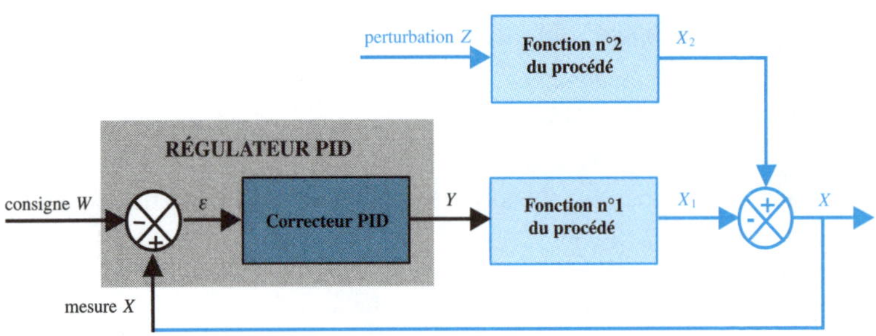

Figure 22.1 Régulateur PID

Notation : X signal de mesure, W consigne (valeur entrée ou signal), et ε signal d'écart (ou d'erreur) sont exprimés dans la même unité.

Le signal Y élaboré par le régulateur est le signal de commande.

La norme française impose : écart = mesure – consigne soit $\varepsilon = X - W$.

Régulateur physique

Concrètement le régulateur PID existe sous plusieurs formes : un appareil indépendant souvent proche du procédé, un module de calcul PID intégré dans l'unité centrale d'un Automate Programmable Industriel (API) ou d'un Système Numérique de Contrôle Commande (SNCC), ou un bloc fonctionnel PID de la bibliothèque de cet API ou SNCC. En bus de terrain, une fonction PID est intégrée dans les capteurs-transmetteurs (*cf.* fiche 6) et les actionneurs.

Mode automatique ou mode manuel

Deux modes de fonctionnement du régulateur sont disponibles :

- le ***mode automatique*** est le mode normal de fonctionnement de la régulation. La valeur de la sortie Y est calculée par le régulateur et dépend de la valeur de l'écart ε à ce même instant. Le technicien ne peut pas modifier la valeur de la sortie ;
- le ***mode manuel*** est le mode permettant au technicien de commander directement le procédé en fixant lui-même la valeur de la sortie. Le correcteur n'agit plus, le régulateur devient alors une station de commande manuelle.

Le démarrage des installations se fait très souvent en mode manuel.

Sens d'action d'un régulateur

Selon la norme française :

- le régulateur est à ***action directe*** lorsque la sortie évolue dans le même sens que l'écart ;
- le régulateur est à ***action inverse*** lorsque la sortie évolue dans le sens inverse de l'écart.

Choix du sens d'action du régulateur

Un régulateur doit donc présenter une inversion de sens par rapport au procédé. La connaissance du sens d'évolution du procédé (direct ou inverse) permet de choisir le sens du régulateur (respectivement, inverse ou direct).

EXEMPLE

Lors d'un démarrage d'un four de traitement thermique, un technicien met en mode manuel le régulateur de température, augmente la commande de la vanne contrôlant le gaz, et observe une montée en température. Le sens d'évolution du procédé est direct ; celui du régulateur sera donc réglé en inverse.

Confirmation : en mode automatique, si à la suite d'une perturbation, la mesure baisse par rapport à la consigne, alors l'écart ε diminue et la commande Y augmente délivrant plus de gaz. Le régulateur corrige donc dans le bon sens puisque la température aura tendance à remonter.

2. Action proportionnelle

Bande proportionnelle

L'action proportionnelle est réglée, au choix du fabricant, soit par :

– le coefficient d'amplification, noté A, aussi appelé « gain » et noté K_r ou G_r ;

– la bande proportionnelle (BP ou XP) exprimé en pourcentage : $BP(\%) = \dfrac{100\ \%}{\mathrm{A}}$.

EXEMPLE

Les gains $G_r = 0{,}4$; $G_r = 2$ et $G_r = 8$ correspondent aux $BP = 250\ \%$; $BP = 50\ \%$ et $BP = 12{,}5\ \%$.

Équation

Régulateur en sens direct	Régulateur en sens inverse
$Y(t) = +\,\mathrm{A} \cdot \varepsilon(t) + Y_0$	$Y(t) = -\,\mathrm{A} \cdot \varepsilon(t) + Y_0$

Y_0 est le centrage de bande proportionnelle ou biais (traduction de l'anglais *bias*).

En l'absence de Y_0, lorsque l'écart $\varepsilon(t)$ est nul, la correction est nulle et la valeur de sortie ne peut alors maintenir la mesure égale à la consigne. Le centrage de bande Y_0 est indispensable au fonctionnement, et sa valeur est déterminée à partir de la caractéristique statique du procédé (*cf.* fiche 20).

3. Action intégrale

Coefficient d'action intégrale

L'action intégrale est réglée, au choix du fabricant, soit par :

- la constante de temps d'action intégrale, notée T_i, exprimée très souvent en minute ;
- le coefficient ou taux d'action intégrale K_i, exprimé en min^{-1} : $K_i = 1/T_i$.

Équation

Équation temporelle	Fonction de transfert
$Y(t) = \frac{1}{T_i}\int_0^t \varepsilon(t)\cdot dt = K_i\int_0^t \varepsilon(t)\cdot dt$	$C_i(p) = \frac{Y(p)}{\varepsilon(p)} = \frac{1}{T_i p} = \frac{K_i}{p}$

L'action intégrale est obligatoirement couplée à l'action proportionnelle. Le centrage de bande fixe Y_0 n'existe plus : c'est l'action intégrale, par son effet de mémoire, qui change en permanence la valeur de Y.

4. Action dérivée

Coefficient d'action dérivée

L'action dérivée est réglée par la constante de temps d'action dérivée, notée T_d, exprimée en seconde.

Équations

Il existe deux possibilités pour cette action.

Dérivée sur l'écart		Dérivée sur la mesure
Équation temporelle	Fonction de transfert	Équation temporelle
$Y(t) = T_d \frac{d\varepsilon(t)}{dt}$	$c_d(p) = \frac{Y(p)}{\varepsilon(p)} = T_d \cdot p$	$Y(t) = T_d \frac{dX(t)}{dt}$

L'action dérivée sur la mesure n'a aucune influence sur la sortie *Y* lors d'un changement de consigne, et évite ainsi des à-coups inutiles et néfastes sur l'actionneur. L'action dérivée est obligatoirement associée à l'action proportionnelle.

5. Effets des actions PID

Action **Étendue de réglage**	**Effets de chaque action**
P ***Gr* ou A : de 0,1 à 1 000** **ou** ***BP* : de 1 000 % à 0,1 %**	Permet de réduire l'écart statique (*cf.* fiche 21). Plus l'action est grande (G_r grand ou *BP* petite) plus l'écart est réduit. Plus l'action est forte, plus les oscillations sont importantes durant les phases transitoires. Un excès d'action conduit à l'instabilité de la boucle.
I ***Ti* : de 0,02 à 200 min** **ou** ***Ki* : de 50 à 0,005 min^{-1}**	Permet de supprimer l'écart statique. Plus la constante T_i est petite plus l'action intégrale est forte. Une action excessive (T_i trop petit ou K_i trop grand) conduit à une instabilité de la boucle (augmentation du déphasage).
D ***Td* : de 0 000 à 2 000 s**	Plus la constante T_d est grande plus l'action dérivée est forte. L'action dérivée, bien dosée, permet de : – réduire le dépassement ou les oscillations obtenus en action proportionnelle seule, – d'accélérer la réponse de la mesure, – d'améliorer la stabilité de la boucle (apport d'avance de phase). L'action dérivée est limitée : – par une amplification des bruits de la mesure dégradant la commande de l'actionneur, – par un excès d'action dérivée qui peut conduire à l'instabilité du système bouclé.

COMPROMIS

Les comportements en régulation de maintien ou de poursuite étant différents, le réglage idéal n'existe pas. Un bon réglage est un compromis entre les trois actions, pour obtenir une réponse rapide et précise en dynamique comme en statique.

EXEMPLE

Un régulateur de débit agit sur une vanne de régulation (*cf.* fiche 17) d'un procédé autoréglant (*cf.* fiche 20).

Action P : l'enregistrement montre les effets d'une action proportionnelle de plus en plus importante lors de quatre essais successifs, pour une variation en échelon de consigne (figure 22.2). Pour ces quatre réglages, la mesure se stabilise à une valeur de plus en plus proche de la consigne, mais l'écart statique persiste et les oscillations de la mesure augmentent.

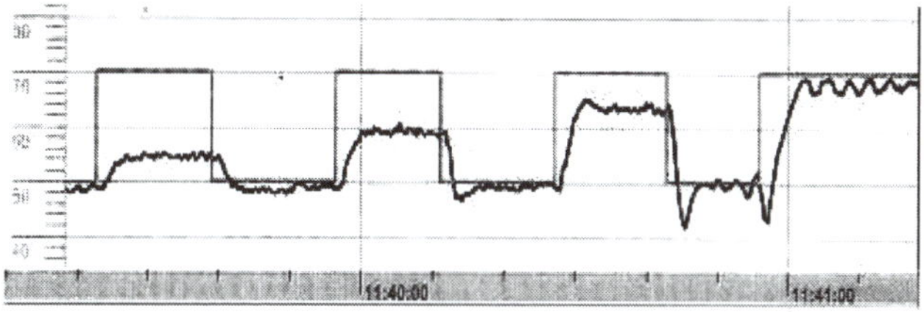

Figure 22.2 Action P

Action PI : le procédé est le même que précédemment. Pour quatre essais successifs, l'action intégrale est augmentée, sans modifier le gain (figure 22.3). L'écart statique est annulé mais les oscillations augmentent.

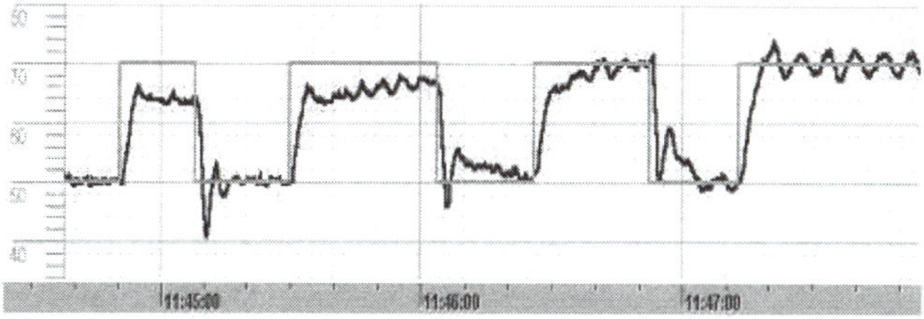

Figure 22.3 Action PI

Action PID : le même procédé est le même que précédemment. Pour trois essais consécutifs, l'action dérivée est augmentée sans modifier ni l'action proportionnelle ni l'action intégrale (figure 22.4). Le temps de réponse est plus court mais la mesure oscille de plus en plus.

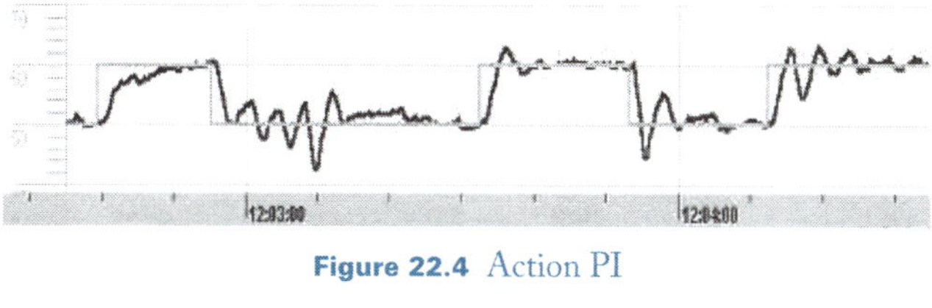

Figure 22.4 Action PI

6. Les différentes structures PID

Historiquement, c'est la technologie des premiers régulateurs, pneumatiques, qui imposait une structure PID série. Actuellement, les trois actions peuvent être associées différemment, ce qui modifie le comportement du régulateur. On peut rencontrer les structures « parallèle », « mixte », ou « série », avec dérivée sur la mesure ou sur l'écart (tableau 22.1).

La structure PID d'un régulateur est précisée dans la notice du fabricant. En cas de doute, il est possible de déterminer la structure par un test en laboratoire, par une réponse à un échelon de mesure.

Tableau 22.1. Les différentes structures « PID sur écart »

Structure PID	Fonction de transfert Schéma fonctionnel	Réponse à un échelon de mesure
Parallèle	$C(p)=A+\dfrac{1}{T_i\cdot p}+T_d\cdot p$ 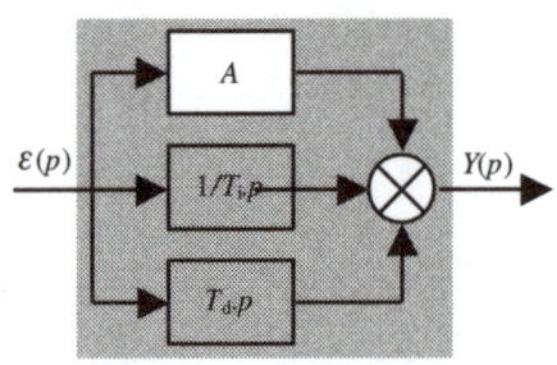	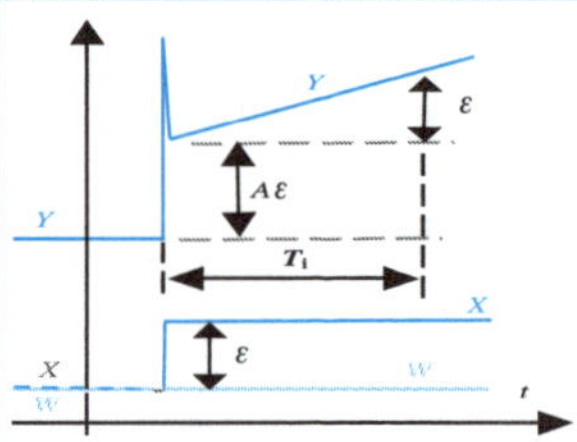
Mixte	$C(p)=A\left(1+\dfrac{1}{T_i\cdot p}+T_d\cdot p\right)$ 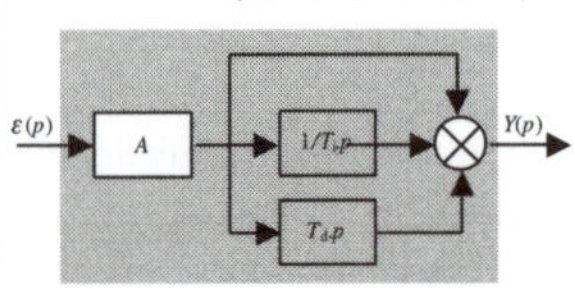	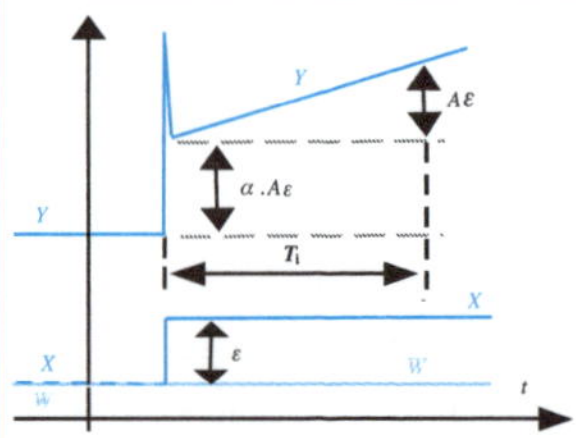

Structure PID	Fonction de transfert Schéma fonctionnel	Réponse à un échelon de mesure
Série	$C(p) = A\left(1 + \frac{1}{T_i \cdot p} + T_d \cdot p\right)$ ou $C(p) = A\left[\cdot\left(1 + \frac{T_\mathrm{d}}{T_\mathrm{i}}\right) + \frac{1}{T_\mathrm{i} \cdot p} + T_\mathrm{d} \cdot p\right]$ avec $\alpha = 1 + \frac{T_\mathrm{d}}{T_\mathrm{i}}$ 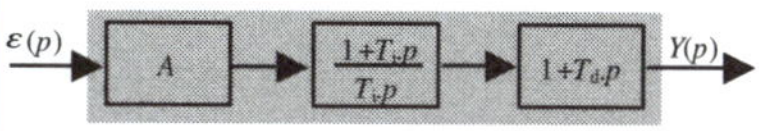 	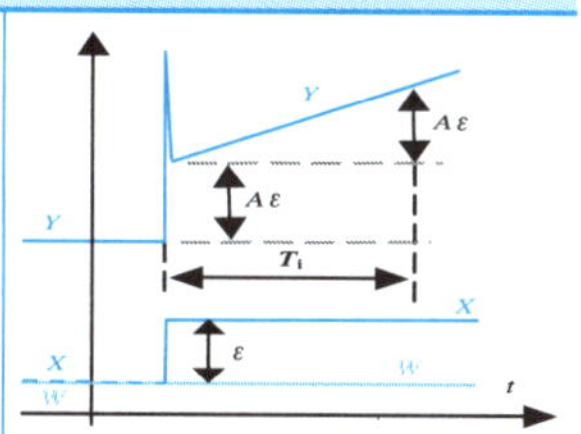

Exercice 1 Vérification d'un régulateur PID

On réalise un essai en chaîne ouverte pour vérifier un régulateur PID de structure série. La mesure est réglée à 50 % et, à t = 14 h 01 min, la consigne subit un échelon de 50 % à 60 %. La figure 22.5 montre l'enregistrement obtenu du signal de sortie Y.

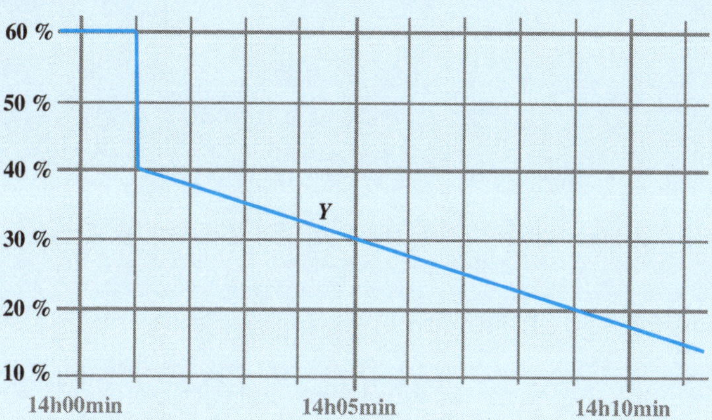

Figure 22.5 Vérification d'un régulateur PID

À partir de cet essai, déterminer :

1. Les valeurs du gain G_r et de la constante de temps de l'action intégrale T_i.
2. Le sens d'action configuré du régulateur.
3. Pourquoi cet essai ne permet pas de relever la valeur de la constante de temps de l'action dérivée T_d alors que cette action dérivée a bien été validée.

Solution

1. $G_r = \dfrac{-20\ \%}{-10\ \%} = 2$

et $T_i = 8$ min.

2. L'écart ε est passé de 0 % à – 10 % et la sortie Y a baissé : le sens d'action est direct.

3. L'action dérivée est donc ici sur la mesure et non sur l'écart.

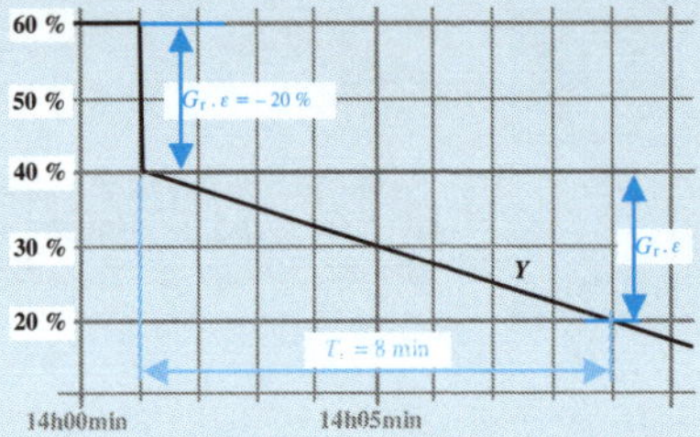

Figure 22.6 Relevés graphiques de l'essai

Méthodes de réglage PID

Fiche 23

Parmi les innombrables méthodes de réglage PID, cet ouvrage expose les plus utilisées dans le contrôle des procédés industriels. La méthode universelle de réglage n'existe pas, et il est important de comprendre que c'est la connaissance comportementale du procédé et des interventions autorisées par la production qui induisent la méthode à appliquer pour obtenir les paramètres PID d'un réglage satisfaisant (*cf.* fiche 21).

1. Approches possibles

Méthode en boucle ouverte

Le régulateur PID est en ***mode manuel***. Le technicien agit directement sur la commande de l'actionneur. Le but est de modéliser le procédé par une fonction de transfert en adéquation avec le comportement observé. Le réglage du régulateur est ensuite élaboré par une méthode analytique imposant des critères de fonctionnement. L'inconvénient est que le procédé évolue librement sans contrôle automatique, et présente donc un certain danger : la production est arrêtée ou perturbée pendant l'essai.

Méthode en boucle fermée

Le régulateur, mis en ***mode automatique***, contrôle le procédé, limitant ainsi les risques dangereux d'emballement. Lorsque la méthode impose une mise en oscillation entretenue, la production est perturbée puisque la grandeur réglée évolue avec une amplitude inconnue. Un second inconvénient est que la modélisation éventuelle du procédé ne correspond pas en nombre et en valeurs aux constantes de temps ou retards réels.

2. Méthodes expérimentales en boucle ouverte

Identification du procédé

L'essai le plus facile à faire en boucle ouverte est de créer un incrément, ou échelon de commande et d'enregistrer l'évolution de la mesure. La forme de la courbe obtenue conduit au choix d'un modèle le plus représentatif du procédé (*cf.* fiches 24, 27, 28) et donc de sa fonction de transfert réglante.

Industriellement, le modèle le plus employé est celui de Broïda.

Réglage empirique temporel

Les fiches 27 et 28 exposent deux méthodes conduisant à un réglage empirique. Le réglage préconisé par Dindeleux concerne une régulation de poursuite : la réponse prévue à un échelon de consigne est apériodique ou pseudo-périodique dont le premier dépassement relatif est d'environ 25 %. La méthode est empirique et les valeurs G_r, T_i et T_d du régulateur PID demandent un ajustement éventuel en boucle fermée pour obtenir la réponse finale désirée.

3. Méthodes expérimentales en boucle fermée

Méthode du régleur

Applicable à tous les procédés, elle ne nécessite aucune connaissance du procédé.

C'est une méthode de réglages par approches successives : le technicien règle un à un les paramètres de chaque action PID du régulateur pour obtenir la réponse souhaitée à un échelon de consigne (*cf.* fiche 25).

Méthode de Ziegler & Nichols

Le technicien cherche expérimentalement à mettre en oscillation entretenue le procédé en modifiant le gain du régulateur. Deux relevés sur la sinusoïde obtenue permettent de déterminer la valeur des paramètres PID du régulateur (*cf.* fiche 26).

La méthode dite du ***pompage*** n'est pas applicable si le procédé n'arrive pas à entrer en oscillation entretenue : c'est un moindre mal, puisque cela signifie qu'il n'y a pas de problème de stabilité (*cf.* fiche 21).

4. Méthodes analytiques

Méthode du modèle de référence

L'approche est temporelle : on impose la réponse en boucle fermée à un échelon de consigne. L'avantage est de maîtriser la qualité de la régulation de poursuite.

	On impose par exemple	
$F(p)=\dfrac{X(p)}{W(p)}=\dfrac{C(p)H(p)}{1+C(p)H(p)}$	$=\dfrac{1}{1+\theta_d p}$	$=\dfrac{1}{1+2\lambda(p/\omega_0)+(p/\omega_0)^2}$
	Pour une réponse apériodique du premier ordre	Pour une réponse pseudopériodique du second ordre

On en déduit la fonction de transfert du régulateur nécessaire et les valeurs des paramètres : $C(p)=\dfrac{F(p)}{H(p)\left[1-F(p)\right]}$

Cette méthode (*cf.* fiche 24), pouvant s'appliquer aussi à la régulation de maintien, se limite à des fonctions de transfert relativement simples, le régulateur PID n'ayant que trois paramètres.

Méthode des marges de stabilité

L'approche est fréquentielle : on impose une marge de gain G_m ou de phase φ_m à la fonction de transfert isochrone en chaîne ouverte $C(j\omega)\,H(j\omega)$ (*cf.* fiche 21).

L'avantage est de garantir un degré donné de stabilité et donc une qualité définie du régime transitoire. Par rapport à une approche temporelle empirique, la connaissance du comportement fréquentiel du procédé permet de mieux maîtriser le degré d'amortissement par un choix approprié des valeurs de T_i et T_d.

Pour la marge de gain comme pour la marge de phase, on obtient deux équations :

$G_m = 20\lg\left[\dfrac{1}{|C(j\omega)H(j\omega)|}\right]$ et $\varphi = -\pi$ ou $\varphi_{\mathrm{m}} = \pi + \mathrm{Arg}\,[C\,(j\omega)\,H\,(j\omega)]$ pour $|\boldsymbol{C}\,(j\omega)\,H\,(j\omega)| = 1$.

La marge de gain est plus utilisée que la marge de phase car elle garantit mieux les variations éventuelles des constantes de temps et des retards du procédé. Les inconnues sont $\boldsymbol{G}_{\mathrm{r}}$, T_{i}, T_{d} et ω : il faut donc fixer deux d'entre elles pour déterminer les valeurs de réglage PID.

EXEMPLE

On veut déterminer le réglage PI d'un procédé autoréglant dont la fonction de transfert est celle du modèle de Broïda. Le régulateur est de structure série (*cf.* fiche 22). La méthode de réglage de Dindeleux propose d'imposer $G_m = 6$ dB, soit un module de $10^{(6/20)} = 0{,}5$.

La condition d'amplitude est :

$$|C(j\omega)H(j\omega)| = \frac{G_{\mathrm{r}} \cdot G_{\mathrm{s}} \cdot (1 + T_{\mathrm{i}}^2 \cdot \omega^2)^{0,5}}{T_i \cdot \omega(1+\theta^2 \cdot \omega^2)^{0,5}} = 0{,}5 \text{ et la phase est :}$$

$$\mathrm{Arg}\,(C\,(j\omega)\,H\,(j\omega)) = \arctan\,(T_{\mathrm{i}}\omega) - \pi/2 - \arctan\,(\omega\theta) - \tau\omega = -\pi$$

En fixant $T_{\mathrm{i}} = \theta$, on obtient : $\omega \dfrac{\pi}{2\tau}$ et $G_{\mathrm{r}} = \dfrac{\theta \cdot \omega}{2G_S}$.

On a donc : $G_{\mathrm{r}} = \dfrac{\pi}{4} \cdot \dfrac{1}{G_{\mathrm{s}}} \cdot \dfrac{\theta}{\tau}$.

L'utilisation d'un logiciel de simulation permet d'aboutir à un réglage optimal car on peut visualiser le comportement temporel de l'asservissement recherché en boucle fermée en rapport avec les exigences de stabilité observable dans l'abaque de Black.

Méthode du modèle de référence

Fiche 24

Applicable aux procédés industriels dont la fonction de transfert est connue, cette méthode se limite à des fonctions de transfert réglantes relativement simples lorsque le contrôle est prévu par un régulateur PID classique.
Pour des fonctions de transfert réglantes plus compliquées cela conduit à des fonctions de transfert de correcteurs plus sophistiquées que le régulateur PID, comme le compensateur de temps mort (PIR), la régulation qualitative optimale (RQO), ou le régulateur RST (algorithme spécifique), disponibles dans les SNCC (Système Numérique de Contrôle Commande).

1. Principe

La fonction de transfert $H(p)$ représentative du procédé en boucle ouverte est connue. Le comportement désiré de la régulation est traduit par une fonction de transfert à imposer qui devient le modèle de référence de fonction de transfert $F(p)$ pour la boucle fermée.

En fonction de l'objectif du contrôle recherché, le modèle de référence est, le plus souvent celui de la régulation de poursuite ou parfois celui de la régulation de maintien (*cf.* fiche 19).

La fonction de transfert $C(p)$ du correcteur est ainsi déduite de l'égalité des deux équations représentées par les deux schémas fonctionnels suivants (figure 24.1).

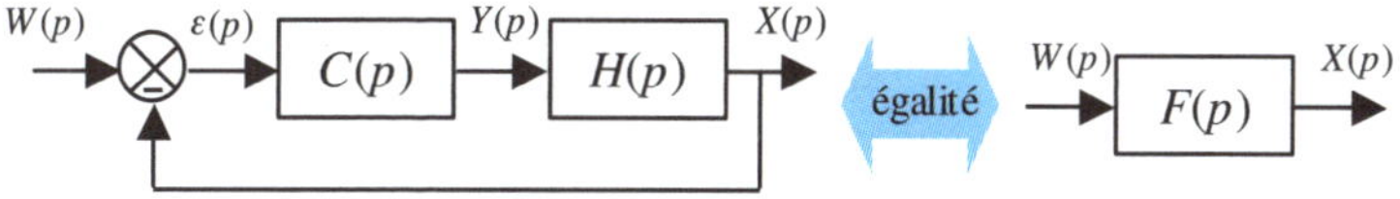

Figure 24.1 Principe du modèle de référence

La fonction de transfert du correcteur est :

$$C(p) = \frac{F(p)}{H(p)[1 - F(p)]}$$

2. Modèles de référence classiques

L'approche est ***temporelle*** : on impose la réponse en boucle fermée à un échelon de consigne. L'avantage est de maîtriser la qualité de la régulation de poursuite, et donc d'assurer la stabilité du procédé.

Modèles de référence classiques imposés	
$F(p)=\dfrac{1}{1+\theta_d p}$	$F(p)=\dfrac{1}{1+2\lambda(p/\omega_0)+(p/\omega_0)^2}$
Pour une réponse apériodique du premier ordre. On impose : la constante de temps (θd).	Pour une réponse apériodique ou pseudo-périodique du second ordre. On impose : le coefficient d'amortissement (λ), la pulsation propre (ω0).
Le gain statique est unitaire pour obtenir mesure égale consigne	

La constante de temps désirée θ_d ne doit pas être trop petite par rapport à l'inertie du procédé, afin d'éviter une saturation de la commande qui ne respecterait plus la réponse attendue en asservissement. Un rapport de l'ordre de 3 à 5 ou 6 semble un bon compromis entre la constante de temps globale du procédé et celle désirée θ_d.

Le premier dépassement relatif D_1 est choisi entre 0 % (réponse apériodique : $\lambda = 1$) et 25 % environ ($0,45 \leq \lambda \leq 1$) (*cf.* fiche 21).

Modèle du premier ordre

La figure 24.2 montre la réponse désirée en boucle fermée ; on fixe la valeur du temps de réponse à 95 % que l'on souhaite obtenir en boucle fermée.

À partir du temps de réponse fixé, on détermine la constante de temps désirée : θ_d = (temps de réponse à 95 %)/3 (tableau 24.1).

Le tableau 24.1 donne la valeur de θ_d, d'une fonction du premier ordre, à déterminer en fixant un temps de réponse autre que celui à 95 % de ΔX (valeur finale).

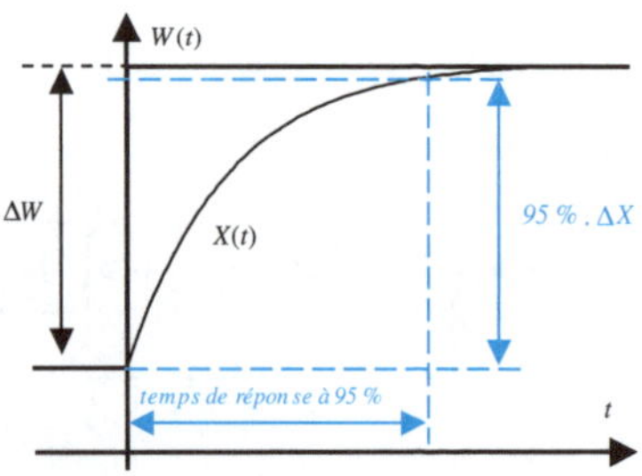

Figure 24.2 Réponse attendue en BF

Tableau 24.1. Détermination de θd en fonction du temps de réponse à α %

Temps de réponse en nb de constantes de temps θd	1	2	3	4	5	6	7
Pour un pourcentage α de la valeur finale de ΔX	63,2 %	86,5 %	95,0 %	98,2 %	99,3 %	99,8 %	99,9 %

3. Détermination du régulateur

Deux critères de régulation de poursuite ont été définis par Dindeleux :

– **Le critère idéal**

Le ***critère idéal*** définit une stabilité absolue et une réponse apériodique. La régulation est idéale si :

$$C(p) = \frac{1}{\theta_d p} \times \frac{1}{H(p)}$$

EXEMPLE

La fonction de transfert du procédé est : $H(p) = \frac{2}{1+30p}$.

La constante de temps désirée est $\theta_d = 10$ s en boucle fermée en régulation de poursuite.

La fonction du correcteur est donc : $C(p) = \frac{1+30p}{2\theta_d p}$

Pour un régulateur PI série, on écrit : $C(p) = G_r \times \frac{1+T_i \cdot p}{T_i \cdot p} = \frac{30}{20} \times \frac{1+30p}{30p}$

Le régulateur doit être configuré avec : $G_r = 1{,}5$ et $T_i = 30$ s.

Critère parfait

Le ***critère parfait*** définit une stabilité absolue et une réponse apériodique ou pseudo-périodique. La régulation est ***parfaite*** si :

$$C(p) = \frac{1}{\theta_d p} \frac{1}{\theta_{p+1}} \frac{1}{H(p)}.$$

La constante de temps θ est une constante de temps du procédé non compensée par le régulateur.

Lorsque la réponse réelle en boucle fermée n'est pas apériodique, une augmentation de la valeur de T_i permet généralement d'obtenir une réponse apériodique.

Exercice 1 Étude d'un réglage

La fonction de transfert réglante du procédé est $H(p)=\dfrac{k}{p(1+\theta p)}$.

La fonction de transfert en boucle fermée est $F(p)=\dfrac{1}{(1+\theta_1 p)}\dfrac{1}{(1+\theta_2 p)}$.

1. La réponse est-elle apériodique ou pseudo-périodique ? La stabilité est-elle absolue ou limitée ? Le critère appliqué est-il idéal ou parfait ?
2. Montrer que la fonction du correcteur ci-dessous répond au critère évoqué en 1. : $C(p)=\dfrac{1+\theta p}{k(\theta_1+\theta_2)}\times\dfrac{1}{(Tp+1)}$ avec $T=\theta_1\theta_2/(\theta_1+\theta_2)$.
3. Exprimer en fonction des constantes k, T, θ_1 et θ_2 ; le gain G_r du régulateur, la constante de temps T_i, et la constante de temps T_d.

Solution

1. La réponse recherchée est une réponse apériodique (puisqu'il s'agit de deux premiers ordres en série ($\lambda > 1$)). La stabilité est absolue car le déphasage de $C(p)\,H(p)$ ne peut dépasser –180°. Le critère appliqué est donc le critère idéal de Dindeleux.

2. De ce critère on cherche $C(p)$ à partir de $F(p) = C(p)\,H(p)/(1 + C(p)\,H(p))$, soit $C(p) = F(p)/((H(p)(1 - F(p))$.

On trouve : $C(p)=\dfrac{p(1+\theta p)}{k(\theta_1\theta_2 p^2)+(\theta_1+\theta_2)p)}=(1+\theta p)/k(\theta_1+\theta_2)(Tp+1))$

3. Régulateur PD filtré avec : $G_r=\dfrac{1}{k\theta_d}\dfrac{1}{k(\theta_1+\theta_2)}, T_i=0\text{ min}, T_d=\theta,$

et T la constante de temps du filtre.

Exercice 2 Régulation d'un niveau d'acide

Le niveau d'acide d'une cuve perturbe le *pH* du produit élaboré. La mise en place de la régulation de ce niveau est donc nécessaire. L'instrumentation étant implantée sur la cuve, l'automaticien profite du redémarrage pour réaliser un court essai en boucle ouverte (figure 24.3).

1. Déterminer la fonction de transfert $H(p)$ du procédé.
2. Il a été décidé d'obtenir une réponse à la consigne avec une précision exacte, un temps de réponse à 95 % inférieur à 6 min, et sans aucun dépassement. Déterminer le sens action du régulateur et les actions PID de structure mixte répondant à ce cahier des charges.

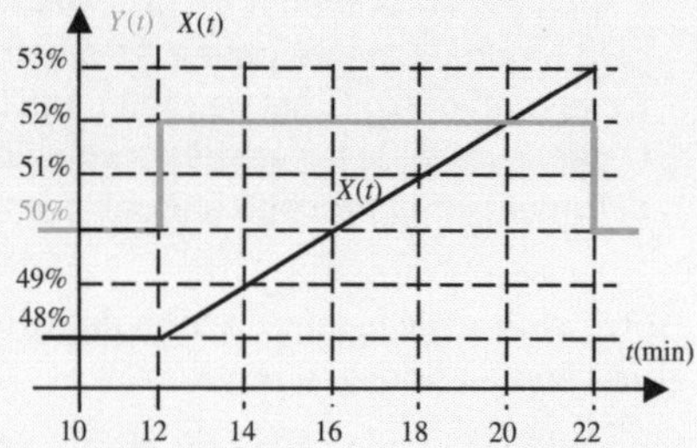

Figure 24.3 Essai en boucle ouverte

3. Tracer la réponse attendue en boucle fermée à un échelon de consigne de 50 % à 53 %.

Solution

1. Le procédé est intégrateur sans temps mort : $H(p)=\dfrac{X(p)}{Y(p)}=\dfrac{k}{p}$

Pour une commande $\Delta Y = 2$ %, on relève $\Delta X = 53\ \% - 48\ \% = 5\ \%$ pour une durée $\Delta T = 10$ min, soit un gain dynamique $k = (\Delta X/\Delta T)\,\Delta Y = (5\ \%\ 10)/2\ \%)$ soit $k = 0{,}25\ \text{min}^{-1}$.

On obtient : $H(p)=\dfrac{X(p)}{Y(p)}=\dfrac{0{,}25}{p}$

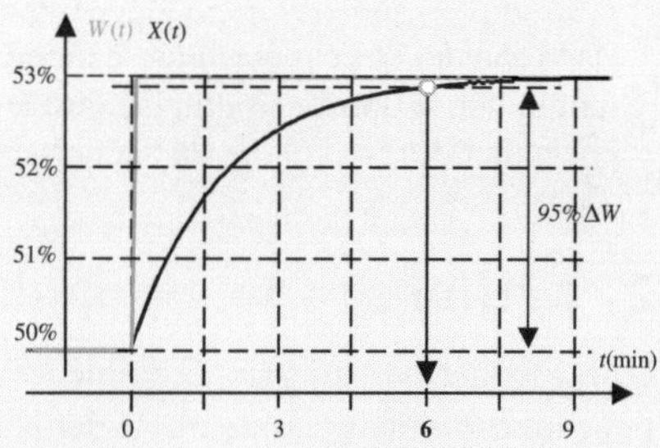

Figure 24.4 Réponse attendue en boucle fermée

2. Le temps de réponse à 95 % doit être inférieur à 6 min : $\theta_d = 6/3 = 2$ min.

On a : $C(p) = \dfrac{1}{\theta_d p}\dfrac{1}{H(p)} = \dfrac{1}{2p}\dfrac{p}{0{,}25} = 2$

Le régulateur est réglé en action proportionnelle avec $G_r = 2$.

Le sens du procédé est direct, le régulateur doit être de sens inverse.

3. L'écart statique est nul (*cf.* fiche 21). Le temps de réponse à 95 % est de 6 min (figure 24.4).

Fiche 25

Réglage : méthode du régleur

1. Méthode

La méthode du régleur est une ***méthode par approches successives*** qui s'applique aussi bien à un procédé naturellement stable, ou autoréglant, qu'à un procédé intégrateur (*cf.* fiche 20).
Cette méthode permet de régler une boucle de régulation directement sur le site, avec tous les éléments constituant la boucle, tout en contrôlant en automatique le procédé et donc sans trop perturber la production.

Après avoir réglé le sens d'action du régulateur, on le met en mode automatique afin d'être en boucle fermée.

On règle les actions PID du régulateur (*cf.* fiche 22) dans l'ordre suivant : P, D, I en examinant les réponses du procédé à des échelons de consigne ΔW.

Pour chaque essai, on part d'une mesure X égale à la consigne W au point de fonctionnement stabilisé.

En mode automatique, on effectue un échelon de consigne raisonnable ($\Delta W = 2$ à 5 %).

Dans chacun des cas suivants, le procédé, autoréglant ou intégrateur, admettant un léger dépassement, la courbe en trait épais est considérée comme correcte pour le réglage de l'action mise en œuvre.

2. Action proportionnelle

Commencer par un gain G_r faible (< 1) et même très faible (environ 0,2) pour un procédé intégrateur. Régler la valeur de G_r pour obtenir une réponse satisfaisante en fonction du comportement du procédé (figure 25.1 ou 25.2).

Le contrôle d'un procédé autoréglant en action proportionnelle laisse subsister un écart statique entre consigne et mesure, celui d'un procédé intégrateur non.

3. Action dérivée

Commencer par la valeur de T_d correspondant à environ un tiers du retard pur qui reste après le réglage de l'action proportionnelle. Affiner la valeur de T_d pour obtenir une réponse satisfaisante (figure 25.3 ou 25.4).

L'action dérivée peut être annulée car elle est néfaste en cas d'un signal très bruité.

4. Action intégrale

L'action dérivée étant réglée, augmenter le gain G_r du régulateur d'environ 10 %, puis régler l'action intégrale à partir de $T_i = 10\ T_d$ (figure 25.5 ou 25.6).

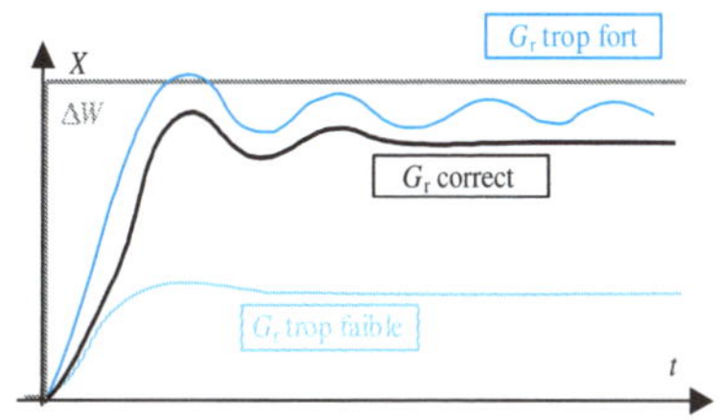

Figure 25.1 Procédé autoréglant. Action proportionnelle

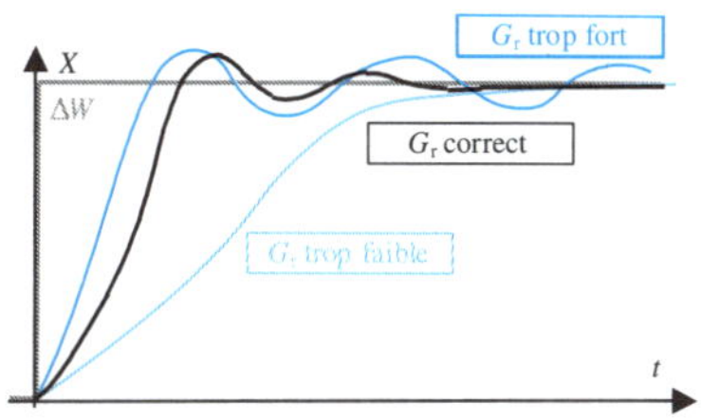

Figure 25.2 Procédé intégrateur. Action proportionnelle

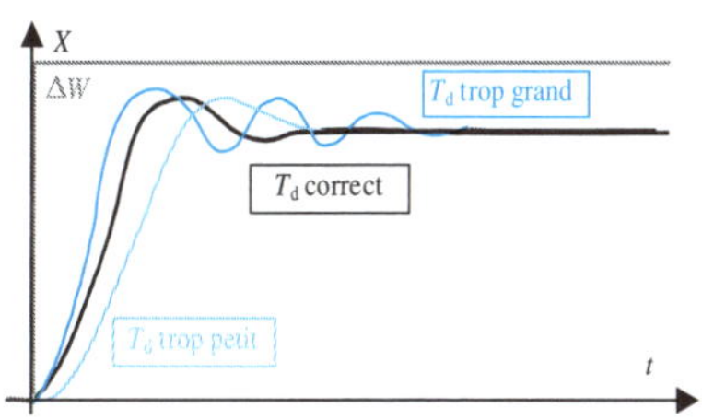

Figure 25.3 Procédé autoréglant. Action dérivée

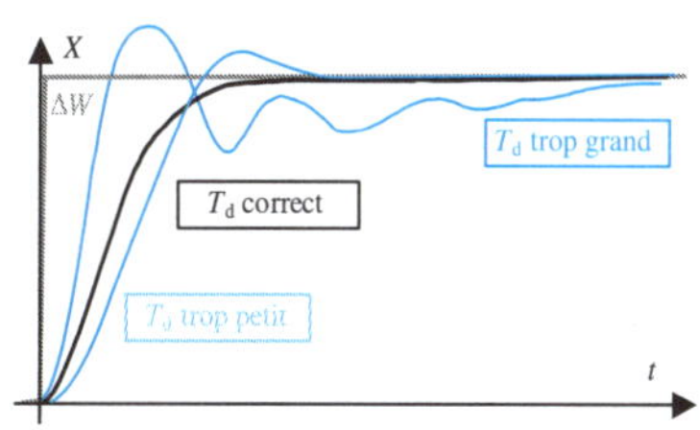

Figure 25.4 Procédé intégrateur. Action dérivée

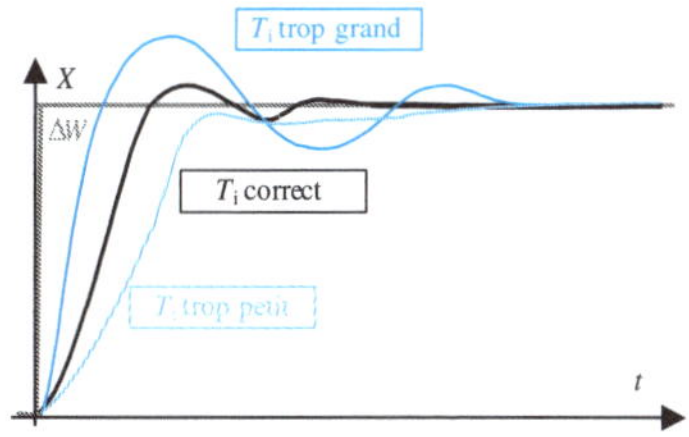

Figure 25.5 Procédé autoréglant. Action intégrale

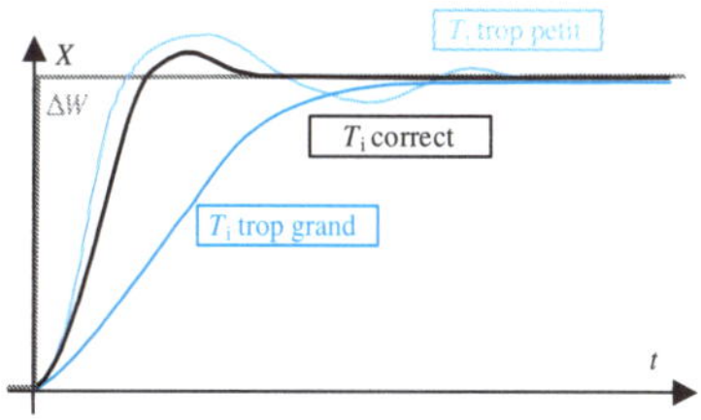

Figure 25.6 Procédé intégrateur. Action intégrale

Fiche 26

Réglage de Ziegler et Nichols en boucle fermée

Cette méthode de réglage d'asservissement est bien connue dans l'industrie. Elle s'applique aussi bien à un procédé naturellement stable qu'à un procédé instable à condition qu'il soit possible de le mettre en pompage en boucle fermée.

1. Principe

Le principe est de trouver expérimentalement le ***point critique de stabilité*** du procédé asservi. Pour cela, on met la boucle fermée d'asservissement en oscillation juste entretenue ; c'est le pompage (*cf.* figure 26.1). À partir des relevés de cet essai, on détermine le réglage du régulateur qui assure une marge de sécurité par rapport à ce point critique.

- L'avantage de cette méthode est d'être appliquée sur le procédé réel, et donc de prendre en compte tous les retards et toutes les constantes de temps de la boucle constituée, y compris ceux et celles du régulateur. Ce qui n'est pas toujours le cas lors de simulations numériques. Pendant l'essai, le procédé est contrôlé par le régulateur en mode automatique, contrairement aux essais en boucle ouverte où le régulateur est en mode manuel.
- Cette méthode n'est pas très adaptée pour les procédés aux inerties importantes car cela conduit souvent à de fortes amplitudes de la grandeur réglée et à une durée consacrée au réglage qui peut être conséquente.

2. Méthode expérimentale

MISE EN POMPAGE

Utiliser uniquement l'action proportionnelle (actions intégrale et dérivée supprimées) du régulateur en mode automatique.

Régler un gain de régulateur faible ($G_r = 1$ ou moins si besoin). Régler la consigne W au point de fonctionnement désiré (*cf.* fiche 20).

Vérifier que la mesure X se stabilise près de la consigne.

En restant toujours autour du point de fonctionnement désiré, le gain du régulateur est augmenté ainsi par palier jusqu'à ce que la boucle entre en oscillation entretenue : c'est le pompage (figure 26.1).

Si les composants de la boucle saturent (et en particulier l'actionneur), diminuer le gain du régulateur tant que la boucle reste en oscillation. Le gain critique du régulateur G_{rc} est le plus petit gain qui permet l'entretien de l'oscillation entretenue.
Relever la période T_{OSC} de l'oscillation de la mesure X ou du signal de commande Y de l'actionneur (figure 26.1).

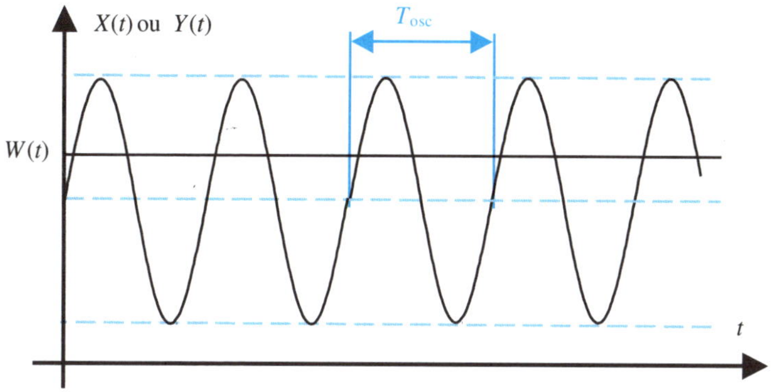

Figure 26.1 Courbe obtenue pour $G_r = G_{rc}$

3. Réglages préconisés par Ziegler et Nichols

À partir des valeurs de G_{rc} et T_{OSC}, calculer les actions du régulateur PID.

	P	PI série	PI parallèle	PID série	PID parallèle	PID mixte
G_r	$\frac{G_{rc}}{2}$	$\frac{G_{rc}}{2,2}$	$\frac{G_{rc}}{2,2}$	$\frac{G_{rc}}{3,4}$	$\frac{G_{rc}}{1,7}$	$\frac{G_{rc}}{1,7}$
T_i	sans	$\frac{T_{osc}}{1,2}$	$\frac{1,8 \cdot T_{osc}}{G_{rc}}$	$\frac{T_{osc}}{4}$	$\frac{1,85 \cdot T_{osc}}{G_{rc}}$	$\frac{T_{osc}}{2}$
T_d	0	0	0	$\frac{T_{osc}}{4}$	$\frac{G_{rc} \cdot T_{osc}}{13,6}$	$\frac{T_{osc}}{8}$

Les valeurs de ces paramètres PID déterminées par la méthode de Ziegler et Nichols peuvent ne pas convenir au cahier des charges de la régulation envisagée. En effet, ils conduisent à un réglage assez dur, à savoir un premier dépassement prévu d'environ 25 % à 30 % lors d'un changement en échelon de la consigne. Il convient de réduire légèrement le gain du régulateur pour diminuer ce premier dépassement (*cf.* fiche 21).

EXEMPLE

La méthode de Ziegler et Nichols en boucle fermée appliquée à une régulation de niveau à un point de fonctionnement de 65 % a donné : un gain $G_{rc} = 13,5$ et la période $T_{osc} = 2,4$ min. Le régulateur PID de structure mixte (*cf.* fiche 22) est à configurer avec $G_r = 6,1$ et $T_i = 2$ min.

EXERCICE 1 Régulation de débit

L'actionneur défectueux d'une boucle de régulation de débit a été changé. Il s'agit de la pompe d'extraction des produits résiduels d'une petite colonne à distiller, commandée par un variateur de vitesse. Après un arrêt obligatoire de fabrication, on profite du démarrage pour régler cette régulation du débit par la méthode de Ziegler et Nichols en boucle fermée. À partir des essais fournis en figure 26.2 pour plusieurs valeurs de gain du régulateur, déterminer les réglages PID à configurer sur le régulateur de structure série. Les valeurs de *X* et de *W* sont exprimées sous la forme de pourcentage. Essai 1 : $G_{r1} = 5$. Essai 2 : $G_{r2} = 5,5$. Essai 3 : $G_{r3} = 5,7$.

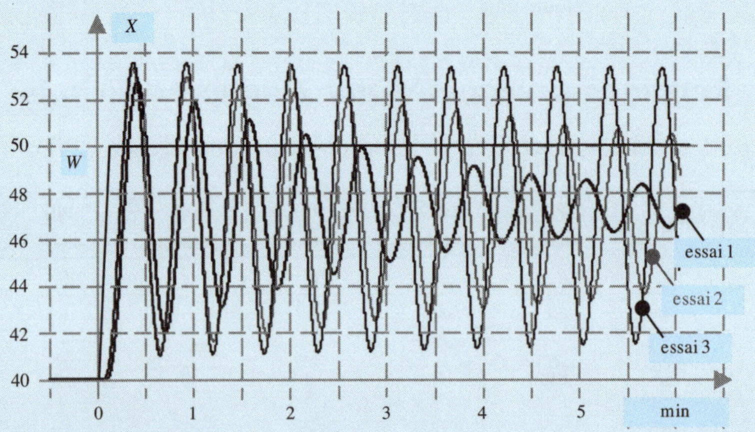

Figure 26.2 Essais

Solution

Le pompage est obtenu pour l'essai 3, on mesure la période $T_{osc} = 0,57$ min.

Le réglage par la méthode de Ziegler et Nichols conduit à configurer le régulateur avec $G_r = 1,6$; $T_i = 0,14$ min et $T_d = 0,14$ min = 8,4 s.

Méthode de Broïda-Dindeleux, procédés autoréglants

Fiche 27

La méthode de Broïda consiste en une identification en boucle ouverte d'un procédé autoréglant (*cf.* fiche 20) et d'une modélisation par la fonction $H(p)=\dfrac{G_S \cdot e^{-\tau p}}{\theta p+1}$. La méthode de Dindeleux propose le réglage des actions PID pour cette fonction de transfert.

1. Procédure expérimentale d'identification

Prévoir l'enregistrement des signaux de mesure X et de commande Y. Le régulateur étant en mode manuel, agir sur la commande de l'organe réglant pour amener la mesure autour du point de fonctionnement désiré. Lorsque la mesure est stabilisée, appliquer un échelon de commande ΔY sur l'organe réglant et vérifier que la mesure se stabilise dans la zone proche du point de fonctionnement.

La valeur de l'échelon ΔY doit être limitée (environ 2 % ou 5 %) pour que le procédé reste en fonctionnement linéaire, mais suffisant pour que l'enregistrement soit exploitable.

2. Réponse attendue

Pour appliquer la méthode d'identification de Broïda, la ***réponse attendue*** à un incrément de commande doit être en forme de « S » comme celle de la figure 27.1.

Lorsque le « S » est peu prononcé, voire inexistant comme dans la courbe de la figure 27.2, le modèle de Broïda se détermine par des relevés directs (*cf.* paragraphe 4).

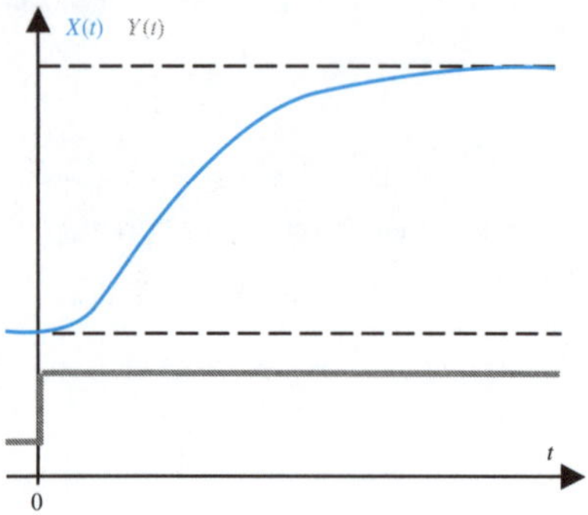

Figure 27.1 Réponse en forme de « S » bien prononcé

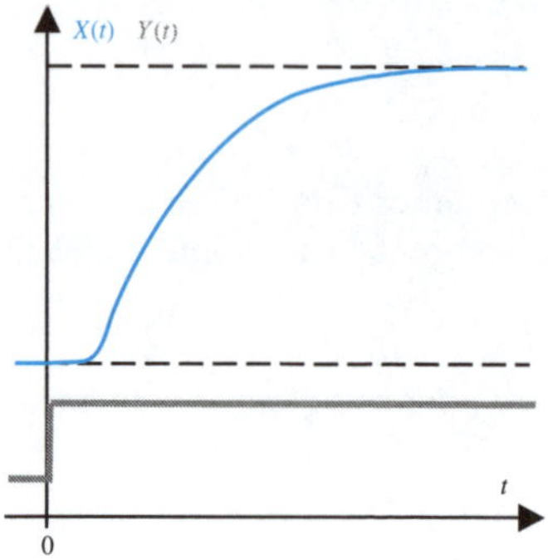

Figure 27.2 Réponse en forme de « S » peu prononcé

Notation : $Y(t)$ signal de commande et $X(t)$ signal de mesure.

3. Identification de Broïda

Relevés expérimentaux

Sur la courbe, figure 27.3 : mesurer ΔX, calculer puis reporter $0{,}28 \cdot \Delta X$ et $0{,}40 \cdot \Delta X$ afin de mesurer t_1 et t_2.

Détermination du modèle de Broïda

Le procédé est représenté par le modèle de Broïda :

$$H(p) = \frac{X(p)}{Y(p)} = \frac{G_S \cdot e^{-\tau p}}{\theta p + 1}$$

Gain statique :
$G_S = \Delta X / \Delta Y$

Constante de temps :
$\theta = 5{,}5 \cdot (t_2 - t_1)$

Retard ou Temps mort :
$\tau = 2{,}8 \cdot t_1 - 1{,}8 \cdot t_2$

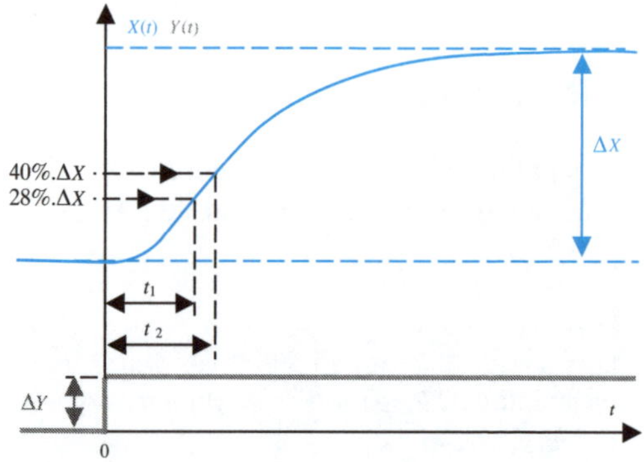

Figure 27.3 Méthode de Broïda valable si $\theta/\tau > 4$

4. Obtention directe du modèle de Broïda

Relevés expérimentaux

Sur la courbe, figure 27.4 :

- mesurer ΔX puis reporter $0{,}63 \cdot \Delta X$;
- mesurer le retard τ ;
- mesurer la constante de temps θ ;
- calculer le gain statique $G_S = \Delta X / \Delta Y$.

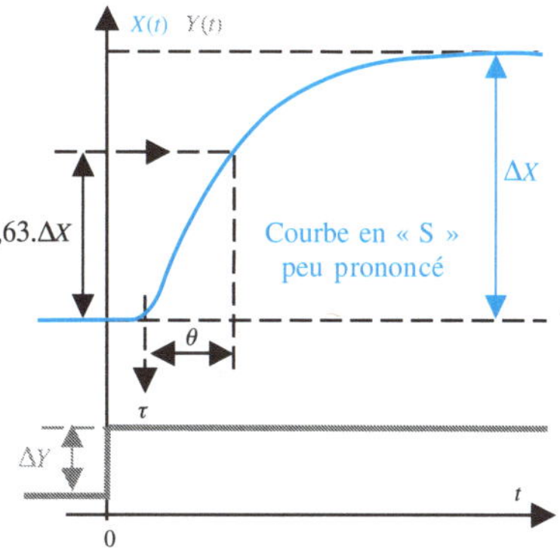

Figure 27.4 Relevés directs

Détermination du modèle de Broïda

Le procédé est représenté par :

$$H(p) = \frac{X(p)}{Y(p)} = \frac{G_S \cdot e^{-\tau p}}{\theta p + 1}$$

5. Réglages préconisés par Dindeleux

Pour cette fonction de transfert, Dindeleux a préconisé les réglages PID en asservissement respectant une marge de gain de 6 dB et une marge de phase de 45°.

Choix de la régulation – indice de réglabilité

La difficulté de réguler un procédé est d'autant plus grande, pour une constante θ donnée, que le retard τ est grand. Il est donc naturel de mettre en œuvre un régulateur d'autant plus riche en action que le procédé comporte un rapport θ/τ petit. Que le modèle de Broïda ait été établi par calcul ou par identification expérimentale, le graphe suivant guide sur le choix de la régulation en fonction du rapport θ/τ, correspondant à un indice de réglabilité. Pour « autres régulations », consultez la fiche 30.

Le rapport θ/τ guide sur la régulation à appliquer :

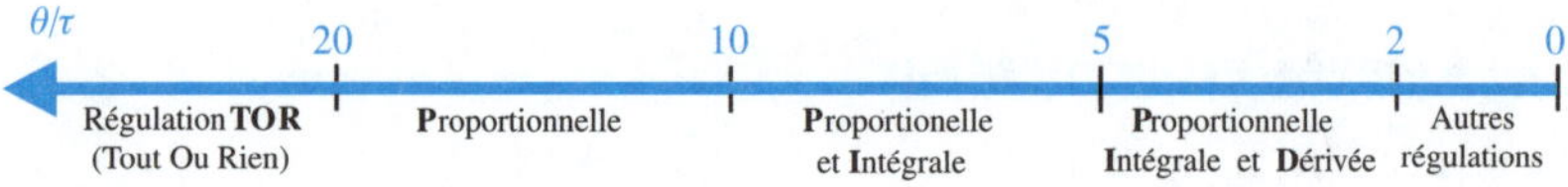

Réglage du régulateur PID

Une fois la régulation choisie, le tableau 27.1 conduit au réglage du régulateur à appliquer selon Dindeleux. Pour un changement de consigne en échelon, le premier dépassement attendu est de l'ordre de 25 %. Il convient alors d'adapter ces réglages pour obtenir le dépassement autorisé du processus. Le réglage en action proportionnelle (P) laisse un écart statique entre la mesure et la consigne.

Tableau 27.1. Réglage du régulateur PID selon Dindeleux

	P	PI série	PI parallèle	PID série	PID parallèle	PID mixte
G_t	$\frac{0,78}{G_S}\frac{\theta}{\tau}$	$\frac{0,78}{G_S}\frac{\theta}{\tau}$	$\frac{0,78}{G_S}\frac{\theta}{\tau}$	$\frac{0,83}{G_S}\frac{\theta}{\tau}$	$\frac{0,83}{G_S}(\frac{\theta}{\tau}+0,4)$	$\frac{0,83}{G_S}(\frac{\theta}{\tau}+0,4)$
T_i	*sans*	θ	$\frac{\tau G_S}{0,78}$	υ	$\frac{\tau G_S}{0,75}$	$\upsilon+0,4\tau$
T_d	*0*	θ	*0*	$0,42\tau$	$\frac{0,35\theta}{G_S}$	$\frac{\theta\tau}{\tau+2,50}$

Exercice 1 Évaporation du sucre

Dans la phase finale de la fabrication du sucre de betterave, un premier évaporateur d'eau permet d'obtenir un jus d'environ 70 % en sucre. La température d'ébullition du jus sucré doit être contrôlée à 120 °C ± 2 °C. Pour identifier la fonction de transfert de ce procédé, on règle le régulateur en mode manuel, et on provoque un échelon sur la commande de la vanne de vapeur. L'enregistrement obtenu est donné figure 27.5. où la commande est indiquée en pourcentage. L'échelle de la sonde de température va de 0 °C à 200 °C.

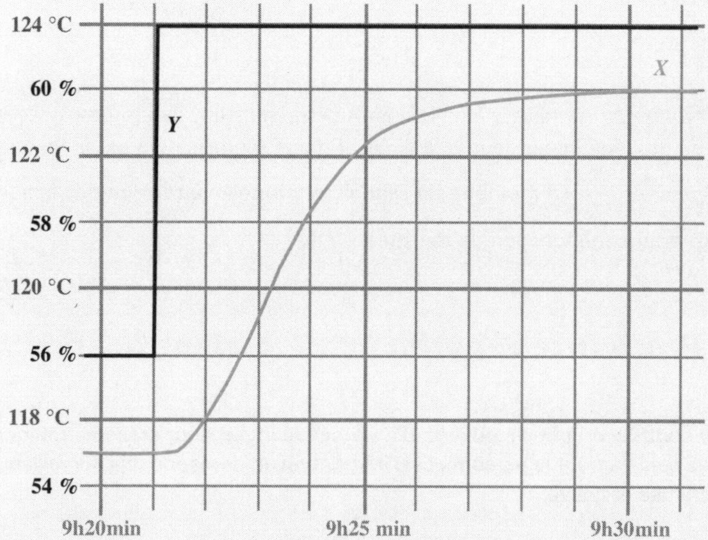

Figure 27.5 Évaporation d'eau - Essai en boucle ouverte

1. La modélisation de ce procédé par un modèle de Broïda est-elle judicieuse ?

2. L'identification peut-elle être directe ?

3. Déterminer les paramètres du modèle de Broïda de ce procédé.

4. Déterminer le réglage de Dindeleux du régulateur PID de structure parallèle.

Solution

1. Le procédé est autoréglant et la réponse à une variation en échelon de commande est une courbe en « S » ; ce qui justifie la modélisation par un modèle de Broïda.

2. Non, l'identification par des relevés directs du retard τ et de la constante de temps θ n'est pas acceptable. Ici, la courbe obtenue en « S » a un point d'inflexion bien marquée, et l'identification par la méthode de Broïda doit être appliquée.

3. Relevés : $\Delta X = (123\ °C - 117,5\ °C)/200\ °C = 2,75\ \%$; $\Delta Y = 5\ \%$;

$T_i = 1,6$ min et $t_2 = 2$ min Le modèle est : $H(p) = \dfrac{0,55e^{-0,9p}}{2,5p+1}$, unité de temps en minute.

4. Réglage du régulateur PID : $G_r = 6$; $T_i = 0,7$ min et $T_d = 1,6$ min $= 96$ s.

Fiche 28 Méthode de Broïda-Dindeleux, procédés intégrateurs

La méthode de Broïda consiste en une identification en boucle ouverte d'un procédé intégrateur (*cf.* fiche 20) et d'une modélisation par la fonction $H(p)=\dfrac{k\cdot e^{-\tau p}}{p}$. La méthode de Dindeleux propose le réglage des actions PID pour cette fonction de transfert.

1. Procédure expérimentale d'identification

Le contrôle en boucle ouverte d'un procédé intégrateur présente toujours des risques pour le personnel et l'installation, et demande une surveillance sérieuse et active.

Prévoir l'enregistrement des signaux de mesure X et de commande Y. La mesure doit être stabilisée au point de fonctionnement désiré, ce qui est difficile à obtenir en mode manuel. En mode automatique, une action proportionnelle seule à faible gain permet de stabiliser la mesure au point de fonctionnement. La mesure stabilisée, mettre à nouveau le régulateur en mode manuel, et appliquer un incrément de commande ΔY d'environ 1 % à 2 % sur l'organe réglant. Une fois la réponse obtenue (figure 28.1), remettre en mode automatique.

2. Identification de Broïda

Relevés expérimentaux

Tracer l'asymptote à la dernière partie de la courbe de façon à se rapprocher du modèle désiré (figure 28.1).

Mesurer directement le temps t, appelé temps mort ou retard. Prendre deux points sur la tangente pour relever ΔX et ΔT.

Calculer le gain dynamique :

$$k=\frac{\Delta X}{\Delta T\cdot\Delta Y}$$

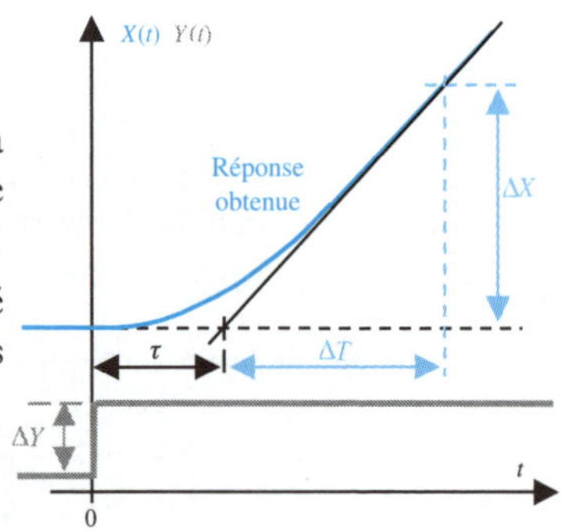

Figure 28.1 Relevés expérimentaux

Modèle intégrateur de Broïda

Le procédé est alors représenté par :

$$H(p)=\frac{H(p)}{Y(p)}=\frac{k\cdot e^{-\tau p}}{p}$$

3. Réglages préconisés par Dindeleux

Pour cette fonction de transfert, Dindeleux a préconisé les réglages PID en asservissement respectant une marge de gain de 6 dB et une marge de phase de 45°.

Choix de la régulation – indice de réglabilité

La difficulté de réguler un procédé est d'autant plus grande, pour un gain dynamique k donné, que le retard τ est grand. Il est donc naturel de mettre en œuvre un régulateur d'autant plus riche en action que le procédé comporte un rapport $1/(k\cdot\tau)$ petit. Que le modèle de Broïda ait été établi par calcul ou par identification expérimentale, le graphe suivant guide sur le choix de la régulation en fonction du rapport $1/(k\cdot\tau)$, correspondant à un indice de réglabilité. Pour « autres régulations », consultez la fiche 30.

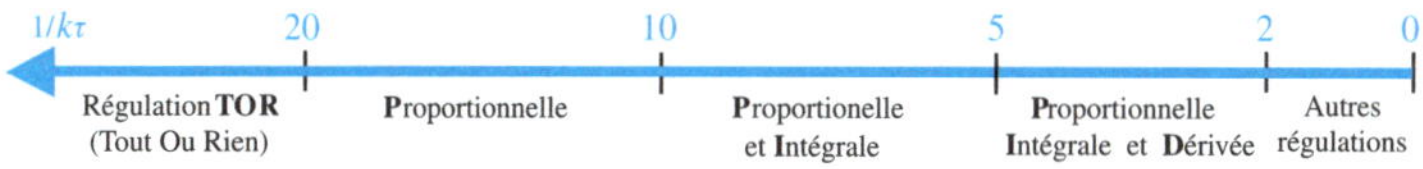

Réglage du régulateur PID

Une fois la régulation choisie, le tableau 28.1 conduit au réglage du régulateur à appliquer selon Dindeleux. Pour un changement de consigne en échelon, le premier dépassement attendu est de l'ordre de 25 %. Il convient alors d'adapter ces réglages pour obtenir le dépassement autorisé du processus. Le réglage en action proportionnelle (P) conduit à un écart statique nul entre la mesure et la consigne.

Tableau 28.1. Réglage du régulateur selon Dindeleux

	P	PI série	PI parallèle	PID série	PID parallèle	PID mixte
G_r	$\frac{0{,}8}{k\tau}$	$\frac{0{,}8}{k\tau}$	$\frac{0{,}8}{k\tau}$	$\frac{0{,}85}{k\tau}$	$\frac{0{,}9}{k\tau}$	$\frac{0{,}9}{k\tau}$
T_i	sans	5τ	$\frac{K\tau^2}{0{,}15}$	$4{,}8\tau$	$\frac{K\tau^2}{0{,}15}$	$5{,}2\tau$
T_d	0	0	0	$0{,}4\tau$	$\frac{0{,}35}{k\tau}$	$0{,}4\tau$

Fiche 29 Régulations PID complexes 1

1. Limites de la régulation monoboucle

Les ***qualités d'une régulation*** PID à boucle unique peuvent être ***limitées*** par :

- l'impossibilité du régulateur à corriger rapidement ou/et complètement les effets des grandeurs perturbatrices ;
- un indice de réglabilité θ/τ mauvais, c'est-à-dire < 2 (*cf.* fiches 27 et 28) ;
- un procédé à caractéristique non linéaire (*cf.* fiche 20).

La prise en compte d'une de ces particularités nécessite un complément du contrôle PID de la boucle unique par la mise en place d'une ***boucle complexe***.

2. Choix des régulations complexes

La connaissance de la provenance du dysfonctionnement ou de la dégradation d'une régulation PID monoboucle est primordiale à l'élaboration d'une nouvelle stratégie de régulation. Le tableau suivant est un guide dans le choix des régulations complexes envisageables.

Les problèmes rencontrés	Régulation à envisager	
Grandeur réglante inefficace dans un sens d'évolution de la grandeur réglée	**À partage d'étendue** sur grandeurs antagonistes	*cf.* fiche 9
Grandeur réglante insuffisante en finesse de réglage	**À partage d'étendue** sur grandeurs complémentaires	
Une seule grandeur réglante pour deux régulations en alternance ou en limitation	**Parallèle** à effet de sélection prioritaire	
Une grandeur incidente est asservie proportionnellement à une autre	**De proportion ou de rapport** de deux grandeurs incidentes	
Grandeur réglante perturbée	**En cascade** sur grandeur réglante	*cf.* fiche 30
Grandeur intermédiaire, en amont de la grandeur réglée, perturbée et peut être régulée	**En cascade** sur grandeur intermédiaire	
Grandeur incidente perturbe la grandeur réglée mais ne doit pas être régulée	**Mixte ou de tendance**	
Le procédé est non linéaire	**Adaptative**	
Indice $\theta/\tau < 2$ car temps mort très conséquent et cascade non applicable	**PIR** (PI à compensation de Retard)	

3. Régulation à partage d'étendue

La régulation « à partage d'étendue » a d'autres appellations : « à deux grandeurs réglantes », « à partage d'échelle », ou « *split range* ». La régulation utilisant deux grandeurs réglantes opposées pour effectuer une chauffe ou un refroidissement se nomme industriellement « régulation chaud-froid ».

Sur grandeurs antagonistes

Hypothèses de fonctionnement : la température T_e du liquide à l'entrée de l'échangeur varie entre 20 et 50 °C. On dispose de deux conduites apportant respectivement un fluide chaud (débit Q_c) et un fluide froid (débit Q_f). L'installation (figure 29.1) doit assurer en sortie de l'échangeur une température T_s constante égale à 29 °C.

Stratégie : le régulateur TC contrôle les deux ***grandeurs antagonistes*** réglantes Q_c ou Q_f en agissant soit sur la vanne TV_c soit sur la vanne TV_f (voir le PCF en figure 29.1).

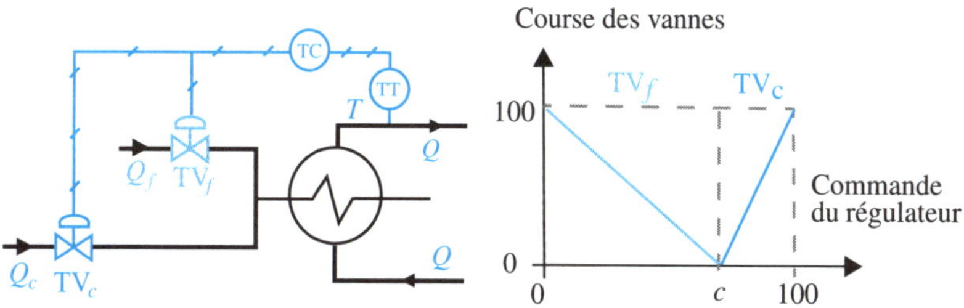

Figure 29.1

Réglages : régler le ***partage d'étendue*** par la valeur c (par exemple ici $c = 70$ %) des vannes de la commande du régulateur pour agir sur chaque actionneur TV_f et TV_c. Régler les actions PID selon le cahier des charges.

Sur grandeurs complémentaires

Hypothèses de fonctionnement : le processus de production exige une régulation de débit de grande précision mais la rangeabilité de la vanne (*cf.* fiche 17) limite la finesse de réglage.

Stratégie : le régulateur contrôle les ***grandeurs complémentaires*** Q_1 et Q_2 à l'aide de deux vannes de C_v différents (ici : $C_{v1} < C_{v2}$). Il pilote la vanne de petit C_v pour un contrôle des débits faibles, ou les deux vannes pour avoir un débit plus fort (voir PCF en figure 29.2).

Réglages : régler le ***partage d'étendue*** par la valeur c (dépendant des C_V des vannes) du signal de commande du régulateur pour agir soit sur la petite vanne soit sur les deux vannes. Régler le régulateur PID selon des cahiers des charges.

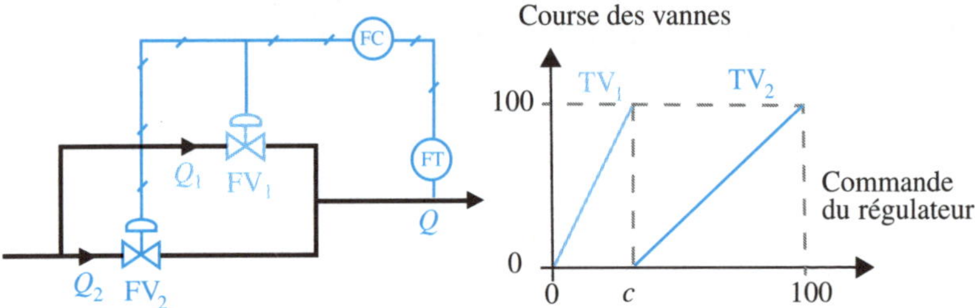

Figure 29.2

4. Régulation parallèle

Hypothèses de fonctionnement : les régulations de pression et de débit doivent être assurées dans une conduite de gaz en agissant sur une seule vanne tout en évitant un fonctionnement en régime supersonique, dangereux pour l'installation.

> À savoir qu'en ***régime supersonique*** (lorsque $P_2/P_1 < 0{,}53$), le débit Q dans une vanne ne dépend plus des variations de la pression P_2 en aval, mais seulement de l'ouverture de la vanne et de la pression P_1 en amont. Cet effet pourrait provoquer le pompage simultané de deux régulations mono-boucles commandant chacune une des deux vannes sur la même conduite (figure 29.3), et être dangereux vues les conditions imprévisibles.

Stratégie : le régulateur (FC) de débit pilote la vanne tant que la pression P_2 reste en dessous de sa valeur dangereuse, sinon un sélecteur commute sans à-coup sur le régulateur (PC) de pression (voir PCF en figure 29.3).

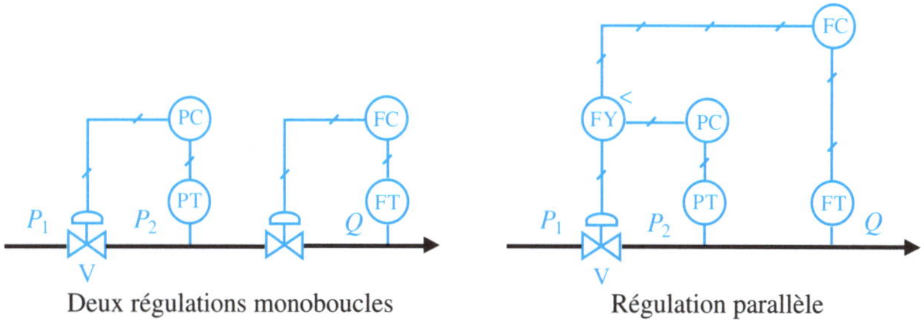

Figure 29.3

Réglages : configurer le sélecteur bas FY pour que la régulation de débit pilote tant que $P_2 < 0{,}53\ P_1$ et que la régulation de pression prenne le contrôle dans l'autre cas. Régler les actions PID des deux régulateurs pour avoir des asservissements à réponses apériodiques.

> Cet exemple de régulation parallèle représente l'une des possibilités parmi de très nombreuses. Cette technique est employée pour des situations délicates de fonctionnement notamment lors de limite de sécurité du produit ou des éléments constituant l'installation. À étudier au cas par cas.

Fiche 30 Régulations PID complexes 2

1. Limites de la régulation monoboucle

Les ***qualités d'une régulation*** PID à boucle unique sont ***limitées*** par :

- un indice de réglabilité mauvais, c'est-à-dire inférieur à 2 (*cf.* fiches 27 et 28) ;
- un procédé à caractéristique non linéaire (*cf.* fiche 20) ;
- l'impossibilité du régulateur à corriger rapidement ou/et complètement les effets des grandeurs perturbatrices.

La prise en compte d'une de ces particularités nécessite un complément du contrôle PID de la boucle unique par la mise en place d'une ***boucle complexe***.

2. Régulation en cascade

Sur grandeur réglante

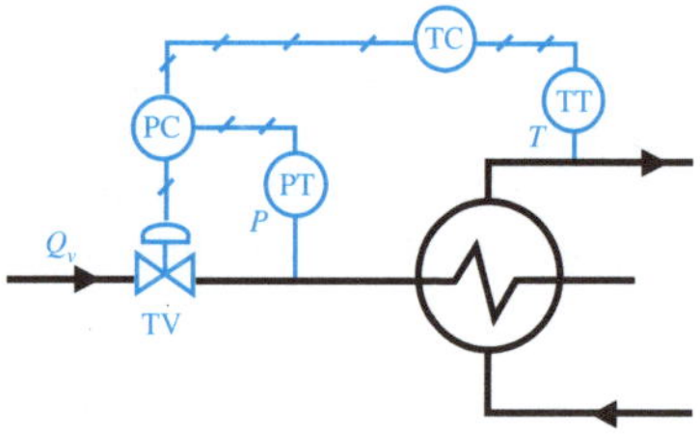

Figure 30.1

Hypothèses de fonctionnement : la fonction de transfert réglante de la température T de sortie de l'échangeur a un temps mort τ important et par conséquent l'indice de réglabilité est médiocre, inférieur à 2. La grandeur réglante de la régulation de cette température est le débit de vapeur Q_v. Or, la pression de vapeur $\boldsymbol{P}$**,** variable en amont de la vanne, modifie le débit massique de vapeur et donc l'apport calorifique, même à ouverture constante de la vanne. Le régulateur compense difficilement, ou à contretemps, les effets de ces perturbations sur la température T en sortie de cet échangeur.

Stratégie : le régulateur de température (TC) commande la consigne externe du régulateur de pression (PC) (PCF, figure 30.1). La consigne du régulateur maître reste en consigne interne. L'indice de réglabilité de chaque boucle est maintenant supérieur à 2, et permet de réguler avec satisfaction en PI ou PID.

Régulateur maître : TC. Régulateur esclave : PC.

Réglages : régler la boucle interne pour avoir une réponse apériodique la plus rapide possible. Mettre ensuite le régulateur esclave en consigne externe. Régler la boucle externe selon le cahier des charges.

Variante : ici, la régulation de pression peut être remplacée par une régulation de débit, mais à savoir qu'un débitmètre est plus cher qu'un capteur de pression.

Sur grandeur intermédiaire

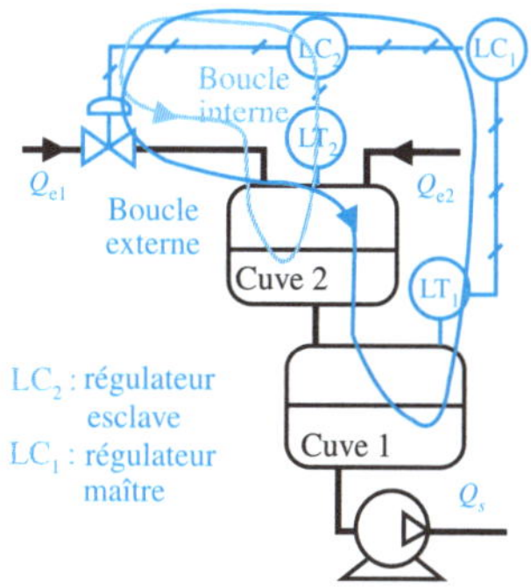

Figure 30.2

Hypothèses de fonctionnement : du fait de l'inertie due au transfert de liquide entre les deux cuves, l'indice de réglabilité de la fonction de transfert $H(p)$ est inférieur à 2. Une grandeur intermédiaire, image de la grandeur réglée, peut être mesurée sur la cuve 2, par le capteur LT_2.

Stratégie envisagée : une régulation interne de niveau dont la consigne externe est pilotée par le régulateur maître de niveau (PCF, figure 30.2).

L'indice de réglabilité des nouvelles boucles est supérieur à 2 et les régulations sont plus efficaces. Les variations du débit Q_{e2} sont prises en compte rapidement par la boucle interne.

Réglages : régler la boucle interne pour avoir une réponse apériodique. Mettre le régulateur esclave en consigne externe. Régler la boucle externe selon le cahier des charges.

Schéma fonctionnel de la régulation en cascade

La régulation en cascade sur grandeur intermédiaire de la figure 30.2 peut se mettre sous la forme d'un schéma fonctionnel (figure 30.3).

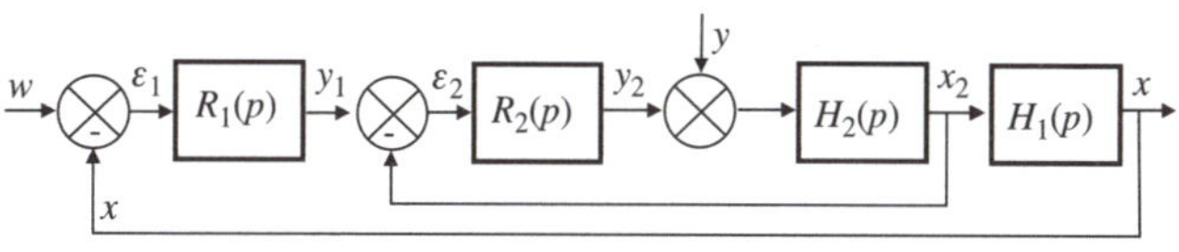

Figure 30.3

Le régulateur esclave LC_2 est de fonction de transfert $R_2(p)$; il contrôle la fonction de transfert $H_2(p)$.

Le régulateur maître LCj est de fonction de transfert $R_1(p)$; il contrôle la fonction de transfert $F_2(p).\ H_1(p)$ avec $F_2(p) = R_2(p).\ H_2(p)/(R_2(p).\ H_2(p) + 1))$.

La grandeur perturbatrice y représente le débit Q_{e2}, y_2 représentant le débit réglant Q_{e1} et y_1 la commande de LC_1 c'est-à-dire aussi la consigne du régulateur LC_2.

3. Régulation mixte

Hypothèses de fonctionnement : la grandeur Q_e fluctue rapidement et le régulateur ne peut réagir qu'à contretemps de ces effets sur la température. La qualité du régime transitoire est dégradée. Le débit Q_e provenant de la fabrication, il doit être laissé libre, non régulé pour ne pas freiner la production fluctuante.

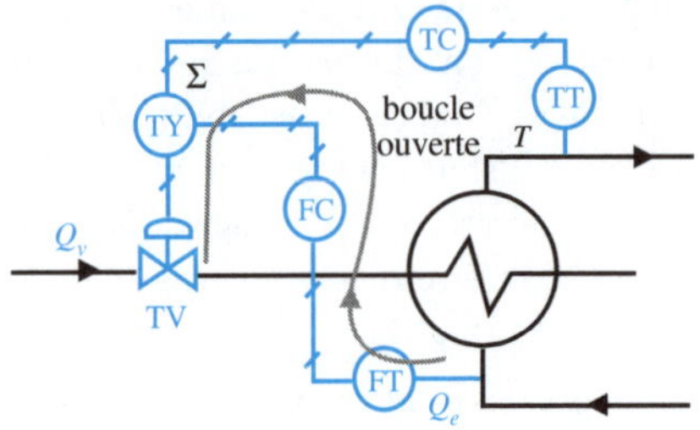

Figure 30.4

Stratégie : on installe un correcteur de tendance FC agissant par anticipation en chaîne ouverte sur l'actionneur dès que la grandeur Q_e varie. Le régulateur TC de la boucle fermée affine ensuite la valeur de commande si besoin (figure 30.4). Cette régulation mixte est aussi appelée régulation tendance car formée d'une boucle fermée et d'une boucle ouverte.

Réglages : configurer le sommateur TY (inclus dans le régulateur TC) pour que chacun des deux signaux (venant de TC et de FC) agisse dans le bon sens. Régler le correcteur de tendance FC pour compenser l'effet d'une perturbation Q_e. Pour cela attendre une variation de débit ΔQ_e, observer l'influence ΔT sur la température, puis en déduire le gain du correcteur de tendance $G_T = \Delta T/\Delta Q_e$ à régler. Régler la boucle fermée selon le cahier des charges fixé.

> Les SNCC disposent d'un bloc fonctionnel appelé « régulateur PID tendance » formant un bloc comprenant le régulateur (TC), le correcteur de tendance (FC) et le sommateur (TY). L'entrée pour le correcteur de tendance est nommée « entrée du signal de tendance » ou entrée « *feed-forward* ».

4. Régulation adaptative

Hypothèses de fonctionnement : la qualité de la régulation (*cf.* fiche 21) de niveau est dégradée selon les points variables de fonctionnement car le gain statique (ou dynamique) du procédé n'est pas constant, le réservoir n'étant pas de section constante.

Stratégie : le principe est de compenser la variation du gain statique G_s par adaptation du gain du régulateur G_r afin de maintenir constant le gain de boucle $G_r \cdot G_s$. Un bloc fonctionnel de calcul LY adapte le gain du régulateur selon les points de fonctionnement (figure 30.5) à partir de la mesure de niveau. Le régulateur doit avoir une entrée externe assignable au gain G_r (ou la bande proportionnelle) du régulateur.

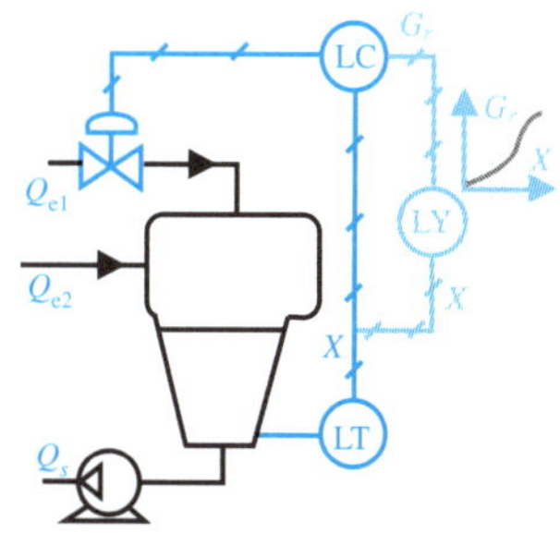

Figure 30.5

Réglages : le cahier des charges de la régulation souhaitée fixe par exemple la marge de gain G_m désirée (*cf.* fiche 27). Par conséquent le gain $G_r \cdot G_s$ de la boucle ouverte doit être constant quels que soient les points de fonctionnement. Il faut établir la relation entre la variation du gain du régulateur désiré et la variation de la mesure. L'adaptation du gain en fonction de la mesure se fait par un bloc de linéarisation à configurer par segments, la fonction mathématique réelle entre X et G_r n'étant pas nécessaire.

EXEMPLE :

Pour un réglage PI série, Dindeleux préconise pour un procédé autoréglant dont la fonction de transfert est celle du modèle de Broïda :

$$G_r = \frac{0,8.\theta}{G_S \cdot \tau} \text{ et}$$

$T_i = \theta$ avec, par exemple : $\dfrac{\theta}{\tau} = 5$.

L'étude statique du procédé a donné :

Zone	A	B	C
Commande *Y*	0 % à 20 %	20 % à 60 %	60 % à 100 %
Mesure *X*	0 % à 40 %	40 % à 80 %	80 % à 100 %
Gain statique *Gs*	2	1	0,5

Pour un point principal de fonctionnement fixé à $X = 50$ %, le gain statique (en zone B) est $G_s = 1$ et le gain du régulateur est donc $G_r = (0,8/1) \times 5 = 4$.

Le gain $G_r \cdot G_s$ de la boucle ouverte doit être constant : $G_{Bo} = G_r \cdot G_s = 4$.

Pour chaque zone (A, B, C) les gains seront : $G_{rA} = G_{BO}/G_{sA} = 4/2 = 2$, $G_r B = G_{bo}/G_{sb} = 4/1 = 4$ et $G_{rc} = G_{bo}/G_s c = 4/0,5 = 8$.

En résumé, lorsque la mesure X sera entre 0 % et 40 %, $G_{rA} = 0,5$; entre 40 % et 80 %, $G_{rB} = 4$ et entre 80 % et 100 %, $G_{rC} = 8$, et la régulation sera de même qualité.

82233 - (I) - OSB 90 - CYAN - LUM - SPU

JOUVE - PRINT
733, rue Saint-Léonard, 53100 MAYENNE
OF : 2962153G
Dépôt légal : Avril 2021

Imprimé en France